"十四五"职业教育国家规划教材

工业和信息化"十三五"
高职高专人才培养规划教材

网页设计与制作

案例教程 | HTML+CSS+DIV +JavaScript

Website Design and Building

李志云 ◎ 主编

周军奎 董文华 ◎ 副主编

U0276647

人民邮电出版社

北　京

图书在版编目（ＣＩＰ）数据

网页设计与制作案例教程：HTML+CSS+DIV+JavaScript / 李志云主编. -- 北京：人民邮电出版社，2017.1（2023.8重印）
工业和信息化"十三五"高职高专人才培养规划教材
ISBN 978-7-115-44272-7

Ⅰ. ①网… Ⅱ. ①李… Ⅲ. ①超文本标记语言－程序设计－高等职业教育－教材②网页制作工具－高等职业教育－教材③JAVA语言－高等职业教育－教材 Ⅳ. ①TP312②TP393.092

中国版本图书馆CIP数据核字(2016)第294578号

内 容 提 要

本书以真实网站制作案例组织全书内容，主要介绍学院网站的制作。书中将该网站制作过程中的知识点进行分解，首先以小案例引导每章内容，然后介绍案例中的关键知识点，最后完成完整案例。通过案例的实现，让学生掌握利用 HTML、CSS 和 JavaScript 制作网站的关键技术。

本书最后一章介绍晨丰发电设备公司动态网站的制作。从设计规划、效果图的制作、静态网站的实现到使用 KesionCMS 后台管理系统完成动态网站制作，完全按照实际网站的制作过程进行讲解。

本书适合作为高职高专院校网页设计与制作相关课程的教材，也可以作为网页设计爱好者的参考书。

◆ 主　　编　李志云
　　副 主 编　周军奎　董文华
　　责任编辑　马小霞
　　责任印制　焦志炜

◆ 人民邮电出版社出版发行　　北京市丰台区成寿寺路 11 号
　　邮编　100164　　电子邮件　315@ptpress.com.cn
　　网址　http://www.ptpress.com.cn
　　北京隆昌伟业印刷有限公司印刷

◆ 开本：787×1092　1/16
　　印张：17.75　　　　　　　　2017 年 1 月第 1 版
　　字数：446 千字　　　　　　2023 年 8 月北京第 18 次印刷

定价：49.80 元
读者服务热线：(010)81055256　印装质量热线：(010)81055316
反盗版热线：(010)81055315

前　言

本书全面贯彻党的二十大精神，以社会主义核心价值观为引领，传承中华优秀传统文化，内容体现时代性和创造性，注重立德树人，以正能量案例引导学生形成正确的世界观、人生观和价值观。

本书按照"以应用为目的，以必需、够用为度"的原则编写。全书内容以真实案例引导，主要介绍两个大的案例：学院网站和晨丰发电设备公司网站。书中将学院网站案例进行分解，把制作网站的关键知识点分解到前 8 章的小案例中，每章通过案例引入后介绍关键知识点。第 9 章实现该网站的完整制作。第 10 章以晨丰发电设备公司动态网站的制作为例，讲解了一个完整网站的制作过程。

本书主要特点包含以下几个方面。

1. 项目贯穿、任务驱动

全书以完成网站项目组织教与学，以完成任务为导向，引入相关知识点，以实现任务为主，理论够用的原则编写。本书将 HTML、CSS 和 JavaScript 完美融合在一起，将网站特效真实再现到本书中，在教学过程中培养学生的项目开发能力。

2. 以岗定课、课岗直通

根据 Web 前端开发岗位需求，掌握最先进、最前沿的 Web 开发知识，摒弃过时不需要的知识点，做到课堂所学与岗位需求无缝衔接。

3. 产教融合、校企合作

本书由 Web 前端工坊校企教师共同开发，包括共同研讨课程标准，制订教学大纲，合作企业提供网站开发规范等。

4. 立德树人、匠心传承

本书注重综合素养的提升，从开发项目时培养学生团队合作协同处理的合作精神，到精心设计学院网站、晨丰发电设备公司动态网站两个项目，向学生展示完整网站的制作过程，培养学生良好的职业素养和职业习惯，讲解先进技术时，突出国家的科技实力越来越强，提升同学们民族自豪感，增强国家认同感，厚植学生家国情怀。

本书提供丰富的教辅资源，包括 PPT 课件、源代码、配套习题、电子教案，并能做到实时更新。本书的重点难点配备了大量优质微课视频，便于进行线上线下混合式教学。读者可登录人民邮电出版社人邮教育社区（www.ryjiaoyu.com）搜索书名下载。

本书由李志云担任主编，周军奎、董文华担任副主编，全书由李志云统稿，田洁等人也参与了教材的编写工作。全书编写分工如下：第 1、2 章由周军奎编写，第 3、4 章由董文华编写，第 5、6 章由田洁、李晓、王晓东、王海利编写，第 7、9、10 章由李志云编写，第 8 章由邓爽编写。王春民和邓爽参与了全书的校对工作。在此感谢所有参加编写的老师及家人。

由于编者水平有限，书中如有不妥之处，敬请批评、指正。编者电子邮箱：lizhiyunwf@126.com。

编　者

2023 年 5 月

目 录 CONTENTS

第 10 章　完整案例：发电设备公司动态网站制作　225

参考文献　278

Chapter 1

第1章
网页设计概述

当今社会处于信息时代，很多人几乎每天都要上网，无论工作还是生活，都离不开网络。对于"网页"，大家并不陌生，因为经常会上网浏览新闻、查询信息、收发邮件、交易股票基金等。但是对网页制作的初学者来说，学会欣赏一些优秀的网站、了解网页相关的基本概念、了解网页的构成以及网页制作工具，还是很有必要的。

本章的学习内容是网页制作的基础，学习目标（含素养要点）如下：

- 了解网页的构成；
- 了解网页的相关概念；
- 熟悉常用的浏览器（家国情怀）；
- 熟悉网页制作的工具软件。

1.1 初识网页

为了使初学者更好地认识网页，我们首先看一下新浪网的首页，如图1-1所示。

从图1-1中可以看到，网页主要由文字、图像和超链接等元素构成。当然，除了这些元素，网页中还可以包含音频、视频以及Flash等。

网页显示什么内容以及怎样显示是由网页源代码决定的。在浏览器中右键单击鼠标，选择"查看源代码"命令，在打开的窗口中便会显示当前网页的源代码，具体内容如图1-2所示。

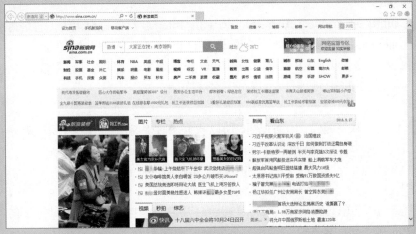

图1-1 新浪网首页

```
 1  <!DOCTYPE html>
 2  <!-- [ published at 2016-09-27 16:18:12 ] -->
 3  <html>
 4  <head>
 5      <meta http-equiv="Content-type" content="text/html; charset=utf-8" />
 6      <meta http-equiv="X-UA-Compatible" content="IE=edge" />
 7      <title>新浪首页</title>
 8      <meta name="keywords" content="新浪,新浪网,SINA,sina,sina.com.cn,新浪首页,门户,资讯" />
 9      <meta name="description" content="新浪网为全球用户24小时提供全面及时的中文资讯，内容覆盖国内外突发新闻事件、体坛赛事、娱乐时尚、产业资讯、实用信息等，设有
10      <link rel="mask-icon" sizes="any" href="http://www.sina.com.cn/favicon.svg" color="red">
11      <meta name="stencil" content="PGLS000022" />
12      <meta name="publishid" content="30,131,1" />
13      <meta name="verify-v1" content="6HtwmypggdgP1NLwJNOuQBI2TW8+CfkYCoyeB8IObnm8=" />
14      <meta name="360-site-verification" content="63349a2167ca11f4b9bd9a8d48354541" />
15      <meta name="application-name" content="新浪首页" />
16      <meta name ="msapplication-TileImage" content="http://i1.sinaimg.cn/dy/deco/2013/0312/logo.png" />
17      <meta name="msapplication-TileColor" content="#ffbf27"/>
18      <meta name="sogou_site_verification" content="BVIdHxXGr1"/>
19  <link rel="apple-touch-icon" href="http://i3.sinaimg.cn/home/2013/0331/U586P30DT20130331093840.png" />
20
21      <script type="text/javascript">
22      //js异步加载管理
23      (function(){var w=this,d=document,version='1.0.7',data={},length=0,cbkLen=0;if(w.jsLoader){if(w.jsLoader.version>=version){return};data=w.jsLoa
    {obj.addEventListener(eventType,func,false)}};var domReady=false,ondomReady=function(){(domReady=true};if(d.addEventListener){var webkit=navigator.u
    {d.removeEventListener("DOMContentLoaded",arguments.callee,false);ondomReady()},false)}};function doScrollCheck(){if(domReady){return};try{d.docume
    d.readyState='complete'){ondomReady();return}else{setTimeout(doReadyStateCheck,1);return}};function createPosNode(){if(jsLoader.caller){return};cb
    s=d.getElementById('_jl_pos_'+cbkLen)}catch(e){var s=d.createElement('div');s.id='_jl_pos_'+cbkLen;s.style.display='none';d.body.insertBefore(s,d.b
    dispose,charset){var scriptNode=d.createElement("script");scriptNode.type="text/javascript";if(charset){scriptNode.charset=charset};scriptNode.
    scriptNode.onreadystatechange=scriptNode.onload=null;scriptNode.parentNode.removeChild(scriptNode)};scriptNode.src=url;var n=d.getElementsByTagNam
    (posNode.innerHTML!=''){while(posNode.childNodes.length){posNode.parentNode.insertBefore(posNode.childNodes[0],posNode);posNode.innerHTML=str;whi
    this.callback=[]};JsObj.prototype={status:'init',onload:function(){this.status='ok';var errors=[];for(var i=0;i<this.callback.length;i++){if(typeof
    .posNode){d.write=write;this.callback[i].posNode.parentNode.removeChild(this.callback[i].posNode)}}catch(e){errors.push(e)}};this.callback=[];if(e
    charset=cfg.charset||"";if(name){if(!data[name]){if(!url){data[name]=new JsObj(name)}data[name].status='waiting'}else{data[name].status='waiting'}}{if(typeof callback='function'){callback.posNode=createPosNode();data[name].callback.push(callback
```

图 1-2　网页源代码

网页源代码文件是一个纯文本文件，是由一些网页标记构成的。源文件被浏览器显示出来后，便是我们看到的网页。

除了首页之外，一个网站通常还包含多个子页面，通过单击首页上的超链接，可以进入其他子页面。网站其实就是多个网页的集合。

网页有静态和动态之分。所谓静态网页是指用户无论何时何地访问，网页都会显示固定的信息，除非网页源代码被重新修改并上传。静态网页更新不方便，但是访问速度快。动态网页显示的内容可以通过后台实现即时更新，更新内容很方便。动态网页在服务器端有数据库进行信息存储。

我们初学者学习网站制作时通常先学习静态网站的制作，然后再学习动态网站的制作。

1.2　网页相关概念

从事网页制作的人员必须了解与互联网相关的一些专业术语，例如，IP 地址，域名，URL，HTTP，网站、网页与主页，HTML，Web 标准等概念。

1．IP 地址

IP 地址（Internet Protocol Address）用于确定 Internet 上的每台主机，它是每台主机唯一的标识。在 Internet 上，每台计算机或网络设备的 IP 地址是全世界唯一的。

IP 地址的格式是 $xxx.xxx.xxx.xxx$，其中 xxx 是 0 到 255 之间的任意整数。

例如，某台主机的 IP 地址是 61.172.201.232。

2．域名

由于 IP 地址是数字编码，不易记忆，所以我们平时上网所使用的大多是如 www.sina.com 之类的地址，即域名地址。www 表示的是万维网。

例如，www.sdcit.cn 是山东信息职业技术学院的域名。

3．URL

统一资源定位符（Uniform Resource Locator，URL）其实就是 Web 地址，俗称"网址"。在 WWW 上的文件都有唯一的 URL，只要知道资源的 URL，就能够对其访问。

URL 格式：协议名://主机域名或 IP 地址/路径/文件名称

例如，http://www.sdcit.cn/index.asp 就是山东信息职业技术学院网站首页的 URL 地址。

4．HTTP

超文本传输协议（HyperText Transfer Protocol，HTTP）是互联网上应用最为广泛的一种网络协议。所有的 WWW 文件都必须遵守这个标准。设计 HTTP 的最初目的是为了提供一种发布和接收 HTML 页面的方法。

5．网站、网页与主页

简单地说，网页就是把文字、图形、声音、影片等多种媒体形式的信息，以及分布在因特网上的各种相关信息，相互链接而构成的一种信息表达方式。

在浏览网站时看到的每个页面像是书中的一页，我们称之为“网页”。

把一系列逻辑上可以视为一个整体的网页叫作网站，或者说，网站就是一个链接的页面集合，它具有共享的属性。

主页是网站在 WWW 上开始的页面，其中包含指向其他页面的超链接。通常用 index.htm 或 index.html 表示。

6．HTML

超文本标记语言（Hyper Text Markup Language，HTML）是表示网页的一种规范（或者说是一种标准），它通过标记符定义了网页内容的显示。HTML 提供了许多标记，如段落标记、标题标记、超链接标记和图片标记等。网页中需要显示什么内容，就用相应的 HTML 标记进行描述。

如果在 IE 浏览器中任意打开一个网页，然后在窗口中空白位置单击鼠标右键，选择“查看源文件”命令，则系统会启动“记事本”，其中有大量的 HTML 标记和一些文本信息等，如图 1-3 所示。

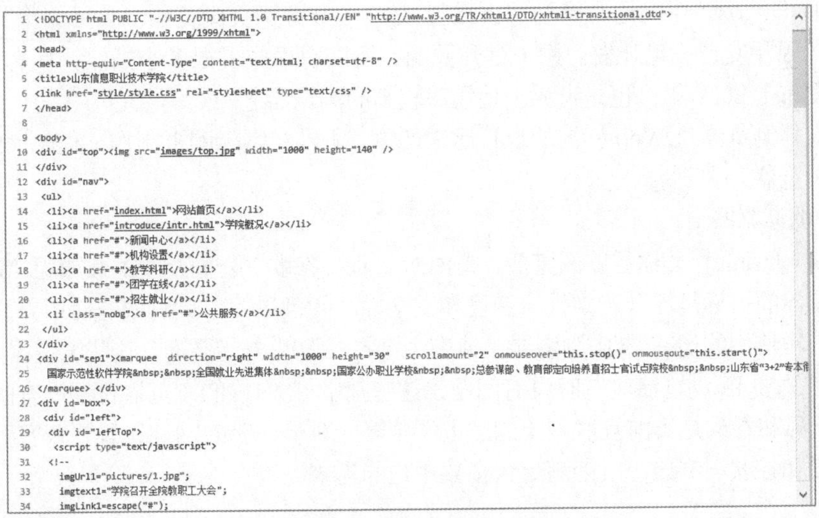

```
<!DOCTYPE html PUBLIC "-//W3C//DTD XHTML 1.0 Transitional//EN" "http://www.w3.org/TR/xhtml1/DTD/xhtml1-transitional.dtd">
<html xmlns="http://www.w3.org/1999/xhtml">
<head>
<meta http-equiv="Content-Type" content="text/html; charset=utf-8" />
<title>山东信息职业技术学院</title>
<link href="style/style.css" rel="stylesheet" type="text/css" />
</head>

<body>
<div id="top"><img src="images/top.jpg" width="1000" height="140" />
</div>
<div id="nav">
 <ul>
  <li><a href="index.html">网站首页</a></li>
  <li><a href="introduce/intr.html">学院概况</a></li>
  <li><a href="#">新闻中心</a></li>
  <li><a href="#">机构设置</a></li>
  <li><a href="#">教学科研</a></li>
  <li><a href="#">团学在线</a></li>
  <li><a href="#">招生就业</a></li>
  <li class="nobg"><a href="#">公共服务</a></li>
 </ul>
</div>
<div id="sep1"><marquee  direction="right" width="1000" height="30"   scrollamount="2" onmouseover="this.stop()" onmouseout="this.start()">
  国家示范性软件学院  全国就业先进集体  国家公办职业学校  总参谋部、教育部定向培养直招士官试点院校  山东省"3+2"专本
</marquee> </div>
<div id="box">
 <div id="left">
  <div id="leftTop">
   <script type="text/javascript">
  <!--
    imgUrl1="pictures/1.jpg";
    imgtext1="学院召开全院教职工大会";
    imgLink1=escape("#");
```

图 1-3　网页的 HTML 源文件

7．Web 标准

为了使用不同浏览器浏览网页时显示相同的效果，在开发新的应用程序时，浏览器开发商和网页开发商都必须共同遵守 W3C 与其他标准化组织共同制定的一系列 Web 标准。

万维网联盟（World Wide Web Consortium，W3C），是国际著名的标准化组织。

Web 标准并不是某一个标准，而是一系列标准的集合，主要包括结构、表现和行为。结构主要指网页的(X)HTML 结构，即网页文档的内容；表现指网页元素的版式、颜色、大小等外观样式，主要指 CSS（Cascading Style Sheet），即层叠样式表；行为指网页模型的定义及交互代码的编写，主要是用 JavaScript 脚本语言实现的网页行为效果。

1.3　常用的浏览器介绍

浏览器是网页运行的平台，网页文件必须要使用浏览器打开才能呈现网页的效果。目前，常用的浏览器有 IE、Firefox（火狐）、Chrome（谷歌）、猎豹、Safari 和 Opera 等，如图 1-4 所示。

图 1-4　常用浏览器图标

1．IE 浏览器

IE 浏览器是世界上使用最广泛的浏览器之一，它由微软公司开发，预装在 Windows 操作系统中。IE 有 6.0、7.0、8.0、9.0 等版本，目前最新的版本是 IE 11。

2．火狐浏览器

Mozilla Firefox，中文通常译为"火狐"，是一个开源网页浏览器。火狐浏览器由 Mozilla 资金会和开源开发者一起开发。由于是开源的，所以它集成了很多小插件，具有开源拓展等功能。它发布于 2002 年，也是世界上使用率较高的浏览器之一。

由于火狐浏览器对 Web 标准的执行比较严格，所以在实际网页制作过程中火狐浏览器是最常用的浏览器之一。

3．谷歌浏览器

Google Chrome，又称谷歌浏览器，是由 Google（谷歌）公司开发的开放原始码网页浏览器。该浏览器的目标是提升稳定性、速度和安全性，并创造简单、有效的使用界面。

大家平常使用的还有 360 浏览器、搜狗浏览器、遨游浏览器等，这些浏览器大都是基于 IE 内核的。只要 IE 浏览器浏览时没有问题，这些基于 IE 内核的浏览器也都没有问题。

IE、火狐和谷歌是目前互联网上的三大浏览器。对于一般的网站，只要兼容 IE 浏览器、火狐浏览器和谷歌浏览器，就能满足大多数用户的需求。

1.4　Dreamweaver 工具的使用

创建、编辑网页可以使用常用的文本编辑器，如 Editplus、记事本等。但最方便的网页制作工具是 Dreamweaver，其智能化的输入代码方式、方便的可视化操作都为网页制作和浏览提供了很大的方便。本节主要介绍 Dreamweaver CS6 的使用。

1.4.1 Dreamweaver 的发展

Adobe Dreamweaver（DW）中文名称为"梦想编织者"，原来是美国 Macromedia 公司开发的集网页制作和网站管理于一身的所见即所得网页编辑器。DW 是第一套针对专业网页设计师开发的视觉化网页制作工具，它可以轻而易举地制作出跨越平台限制和浏览器限制的充满动感的网页。

Macromedia 公司成立于 1992 年，2005 年被 Adobe 公司收购。Adobe 公司推出的版本从 Adobe Dreamweaver CS3 到 Dreamweaver CS6，再到最新版本 Dreamweaver CC。Dreamweaver CC 版本只能运行在 Windows 7 及以上系统，Windows XP 及以下系统不能运行。

本书采用 Adobe Dreamweaver CS6 版本，它是当前应用比较广泛的版本。

1.4.2 Dreamweaver CS6 的操作界面

启动 Dreamweaver CS6 后，其操作界面主要由 6 部分组成，包括菜单栏、插入栏、文档工具栏、文档窗口、属性面板、CSS 样式面板及文件面板，每个部分的具体位置如图 1-5 所示。

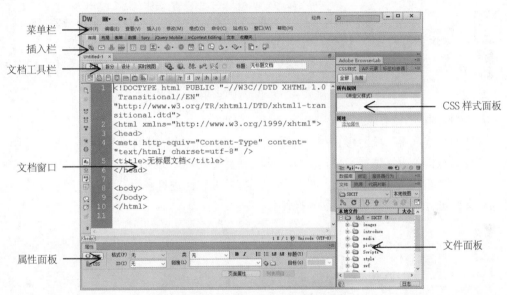

图 1-5　Dreamweaver CS6 操作界面

1．菜单栏

Dreamweaver CS6 菜单栏包括文件、编辑、查看、插入、修改、格式、命令、站点、窗口、帮助 10 个菜单项，如图 1-5 所示。

2．插入栏

经常使用的标记，可以直接通过插入栏中的相关按钮选择，这些按钮一般都和菜单中的命令相对应。插入栏集成了多种网页元素，包括超链接、图像、表格、多媒体等，如图 1-5 所示。

3．文档工具栏

文档工具栏提供了各种"文档"视图窗口，包括代码、拆分和设计视图，通过单击此处的选项卡，可以进行三种视图方式的切换。另外，单击该工具栏中相应按钮还可以浏览及刷新网页等。

4．文档窗口

文档窗口是制作网页时用到最多的区域之一，此处会显示所有打开的文档，并对网页文档进行编辑。

5．属性面板

属性面板主要用于显示在文档窗口中所选中元素的属性，用户可以在属性面板中直接对网页元素的属性进行修改。选中的元素不同，属性面板中的内容也不一样。

注意

　　如果属性面板不显示，可以从菜单栏选择"窗口" | "属性"命令，或者按组合键"Ctrl+F3"让其显示。

6．CSS 样式面板

CSS 样式面板用于显示或设置网页元素的样式。用户可以在 CSS 样式面板中创建或修改网页元素的样式。如果网页对元素创建了样式，在 CSS 样式面板中可以查看到该网页元素的所有样式。

注意

　　（1）一般制作网页时，不通过 CSS 样式面板创建样式，而是通过代码创建 CSS 样式，这样效率会更高。
　　（2）如果 CSS 样式面板不显示，可以从菜单栏选择"窗口" | "CSS 样式"命令，或者按组合键"Shift +F11"让其显示。

7．文件面板

文件面板是很重要的面板，用于显示或添加当前站点中的文件或文件夹。用户选中当前站点名称，右键单击，选择"新建文件"或"新建文件夹"，可以在当前站点中添加文件或文件夹。如果在文件面板中双击文件名称，可打开该文件进行修改。另外，通过文件面板还可以对文件进行删除、剪切、复制等操作。

注意

　　（1）在文件面板中选中文件后，按键盘上的 Delete 键，可快速删除文件；按组合键"Ctrl+D"可复制文件。
　　（2）如果文件面板不显示，可以从菜单栏选择"窗口" | "文件"命令，或者按快捷键 F8 让其显示。

1.4.3　案例：创建第一个网页

要求：启动 Dreamweaver CS6，创建第一个网页，在网页上显示："这是我的第一个网页。"具体步骤如下。

1．启动 Dreamweaver CS6

双击桌面上的 Dreamweaver CS6 图标，进入软件开始界面，如图 1-6 所示。

2．新建文件

选择菜单栏中的"文件" | "新建"命令，打开"新建文档"窗口，单击"创建"按钮，如图 1-7 所示，即可创建一个空白的 HTML 文档。

3．编写 HTML 代码

新建 HTML 文档后，切换到代码视图，这时在文档窗口中会出现 Dreamweaver 自带的代码，如图 1-8 所示。关于这些代码，在第 2 章中会详细介绍。

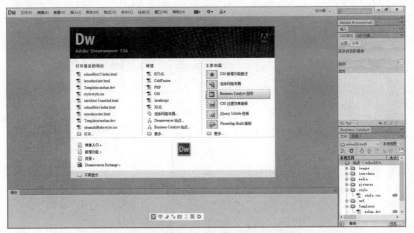

图 1-6　Dreamweaver CS6 开始界面

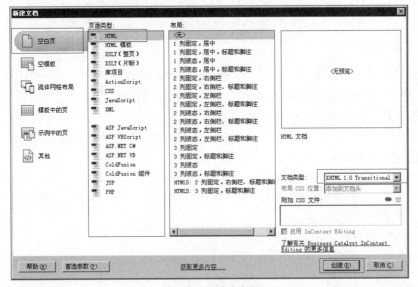

图 1-7　新建空白页

图 1-8　新建 HTML 文档时的代码

在代码视图的<title>与</title>之间，输入 HTML 文档的标题，这里输入："我的第一个网页。"然后在<body>与</body>标记之间添加网页的主体内容，如图 1-9 所示。

<p>这是我的第一个网页。</p>

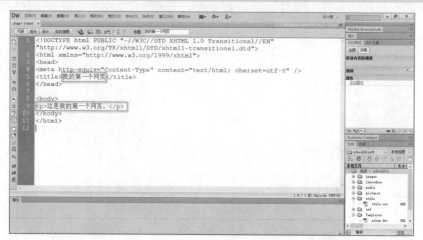

图 1-9　添加网页代码

4．保存文件

执行菜单栏中的"文件"｜"保存"命令，或按组合键"Ctrl+S"，在弹出来的"另存为"对话框中选择文件的保存路径并输入文件名，即可保存文件。此处将文件名命名为"1-1.html"。

5．运行文件，浏览网页

在 Dreamweaver CS6 的环境中，单击文档工具栏中的"在浏览器中预览/调试"按钮，或按快捷键 F12，浏览网页，效果如图 1-10 所示。

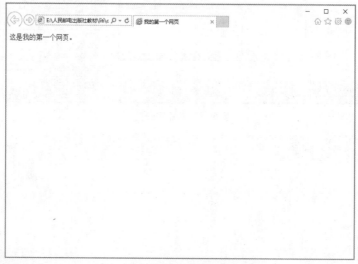

图 1-10　在浏览器中浏览网页

注意

浏览网页时，也可通过双击文件名来实现，如图 1-11 所示。

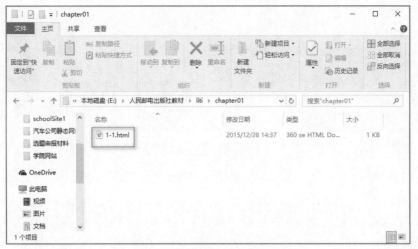

图 1-11　双击文件名浏览网页

本章小结

本章主要介绍了网页制作的基础知识，包括网页的构成，网页的相关概念，常用的浏览器及 Dreamweaver CS6 工具的使用等。

通过本章的学习，读者可以了解网页制作的一些术语和概念，掌握 Dreamweaver CS6 创建简单网页的基本步骤。

习题 1

1. 什么是网站、网页与主页？
2. 简要叙述 IP 地址、域名、URL、HTTP、HTML 的含义。
3. Dreamweaver CS6 文档视图窗口有几种视图方式？如何进行切换？

实训 1

一、实训目的

1. 熟悉 Dreamweaver CS6 工作环境，会创建简单的网页。
2. 了解 html 文件的基本结构。

二、实训内容

1. 按照课本"1.4.3 案例"步骤创建一个简单的网页并通过浏览器浏览。
2. 创建一个介绍自己的网页并浏览。网页内容包括学号、姓名、性别、联系方式、个人简历等内容。

三、实训总结

拓展阅读 1-1

Chapter 2

第 2 章
HTML 语言

HTML（超文本标记语言）通过标记符定义了网页内容的显示。本章将对 HTML 的基本结构和语法、常用的文本和段落标记、列表标记、超链接标记和图像标记等进行详细的介绍。

本章的内容是深入学习网页制作技术的基础，学习目标（含素养要点）如下：

- 熟悉 HTML 的基本结构；
- 熟悉常用的 HTML 标记（职业素养）；
- 会熟练使用 HTML 常用标记创建简单网页（工匠精神）。

2.1 案例：简单学校网站

综合利用 HTML 标记及设置相应标记的属性，制作简单的学校网站，各个页面浏览效果如图 2-1~图 2-4 所示。

要求如下。

（1）从主页可以链接到其他页面，从其他页面可以返回到主页。

（2）在主页中创建友情链接，链接到百度和新浪网。

（3）新闻页面中的新闻条目采用列表项表示。

（4）在专业介绍页面中，创建"到页头"和"到页尾"的锚点链接。

（5）在各个页面中适当设置页面的字体、字号和颜色等。

图 2-1 简单的学校网站首页 index.html

图 2-2 学院简介页面 intr.html

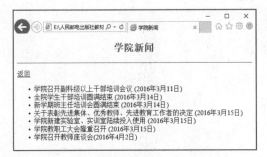

图 2-3 学院新闻页面 news.html

图 2-4 专业介绍页面 spe.html

2.2 知识准备

网页中显示的内容是通过 HTML 标记描述的，网页文件其实是一个纯文本文件。HTML 发展至今，经历了 6 个版本，这个过程中新增了许多 HTML 标记，同时也淘汰了一些标记。HTML 发展过程如下。

（1）HTML 1.0——在 1993 年 6 月作为互联网工程任务组（IETF）工作草案发布。

（2）HTML 2.0——1995 年 11 月作为 RFC 1866 发布，在 RFC 2854 于 2000 年 6 月发布之后被宣布已经过时。

（3）HTML 3.2——1997 年 1 月 14 日，W3C 推荐标准。

（4）HTML 4.0——1997 年 12 月 18 日，W3C 推荐标准。

（5）HTML 4.01（微小改进）——1999 年 12 月 24 日，W3C 推荐标准。

（6）HTML 5——第一份正式草案已于 2008 年 1 月 22 日公布，经过不断完善，标准规范在 2014 年 10 月制定完成。

目前最新的 HTML 版本是 HTML 5，但是由于各个浏览器对其支持不统一，所以还没有得到广泛应用。如今互联网上大多数的网站采用的还是 HTML 4.01 版本。

HTML 在初期为了能更广泛地被大家接受，在语法上很宽松，如标记不区分大小写，可以不闭合等。传统的计算机有能力兼容松散的语法，但其他的设备，比如手机、打印机等，兼容的难度就比较大。这并不符合标准的发展趋势，所以在 2000 年底，W3C 组织发行了 XHTML。

XHTML 是更严谨、纯净的 HTML 版本，目的是实现 HTML 向 XML 的过渡，它的可扩展性和灵活性将适应未来网络应用更多的需求。XML 虽然数据转换能力强大，完全可以替代 HTML，但是面对互联网上成千上万基于 HTML 编写的网站，直接采用 XML 还为时过早。因此，在 HTML 4.0 的基础上，用 XML 的语法规则对其进行扩展，得到了 XHTML。

本书所介绍的 HTML 其实就是 XHTML 版本，只是由于人们的习惯，仍然称之为 HTML。

2.2.1 HTML 文档的基本结构

使用 Dreamweaver 新建文档时会自动生成一些源代码，这些自带的源代码构成了 HTML 文档的基本结构。

例 2-1 在 Dreamweaver CS6 中，执行"文件"｜"新建"，创建一个网页文档，文件名：2-1.html，代码如下。

```
<!DOCTYPE html PUBLIC "-//W3C//DTD XHTML 1.0 Transitional//EN"
"http://www.w3.org/TR/xhtml1/DTD/xhtml1-transitional.dtd">
```

```
<html xmlns="http://www.w3.org/1999/xhtml">
<head>
<meta http-equiv="Content-Type" content="text/html; charset=utf-8" />
<title>无标题文档</title>
</head>
<body>


</body>
</html>
```

这些源代码构成了 HTML 文档的基本格式，其中主要包括<!DOCTYPE>标记、<html>标记、<head>标记、<body>标记。

1．<!DOCTYPE> 标记

<!DOCTYPE>标记位于文档的最前面，用于向浏览器说明当前文档使用哪种 HTML 或 XHTML 标准规范。例 2-1 中使用的是 Dreamweaver CS6 默认的 XHTML 1.0 文档。

本书将全部采用 XHTML 1.0 格式的文档。

必须在文档开头处使用<!DOCTYPE>标记为所有的 XHTML 文档指定 XHTML 版本和类型，只有这样浏览器才能将该网页作为有效的 XHTML 文档，并按指定的文档类型进行解析。

2．<html>标记

<html>标记标志着 HTML 文档的开始，</html>标记标志着 HTML 文档的结束。在它们之间的是文档的头部和主体内容。

在<html>之后有一串代码 "xmlns="http://www.w3.org/1999/xhtml"" 用于声明 XHTML 统一的默认命名空间。

3．<head>标记

<head>标记用于定义 HTML 文档的头部信息，也称为头部标记。<head>标记紧跟在<html>标记之后，主要用来封装其他位于文档头部的标记，如<title>、<meta>、<link>和<style>等，用来描述文档的标题、作者以及样式表等。

一个 HTML 文档只能含有一对<head>标记。

4．<body>标记

<body>标记用于定义 HTML 文档所要显示的内容，也称为主体标记。浏览器中显示的所有文本、图像、音频和视频等信息都必须位于<body>标记内。

一个 HTML 文档只能含有一对<body>标记，且<body>标记必须在<html>标记内，位于<head>头部标记之后，与<head>标记是并列关系。

2.2.2 HTML 标记及其属性

例 2-2　在 Dreamweaver CS6 中，执行 "文件" | "新建" 命令，创建一个网页文档，文件名：2-2.html，网页浏览时显示图 2-5 所示内容。

例 2-2 的代码如下。

图 2-5　网页浏览效果

```
<!DOCTYPE html PUBLIC "-//W3C//DTD XHTML 1.0 Transitional//EN" "http://www.
w3.org/TR/xhtml1/DTD/xhtml1-transitional.dtd">
```

```
<html xmlns="http://www.w3.org/1999/xhtml">
<head>
<meta http-equiv="Content-Type" content="text/html; charset=utf-8" />
<title>学院介绍</title>
</head>
<body>
<h2 align="center">山东信息职业技术学院简介</h2>  <!--使标题居中显示-->
<hr />
<p>山东信息职业技术学院是山东省人民政府批准设立、国家教育部备案的公办省属普通高等学校，
由山东省经济和信息化委员会、山东省教育厅主管。学院具有 30 多年的办学历史，特别是计算机类、电
子信息类专业享誉省内外。学院是国家教育部批办的全国"国家示范性软件职业技术学院"首批建设单位，
国家劳动和社会保障部、信息产业部确认的国家首批"电子信息产业高技能人才培养基地"。是"全国信
息产业系统先进集体"、"山东省职业教育先进集体"、"山东省德育工作优秀高校"、"山东省文明校园"。
</p>
</body>
</html>
```

在例 2-2 的代码中，网页文档中除了基本的结构标记外，还使用了标题标记<h2>、水平线标记<hr />和段落标记<p>。标题标记<h2>中还用到了属性 align，使标题在浏览器中居中对齐。

1．标记

在 HTML 文档中，带有"< >"符号的元素被称为 HTML 标记。HTML 文档由标记和被标记的内容组成。标记可以产生所需要的各种效果。

标记的格式如下。

<标记>受标记影响的内容</标记>

例如，<title>学院介绍</title>

标记的规则如下。

（1）标记以"<"开始，以">"结束。

（2）标记一般由开始标记和结束标记组成，结束标记前有"/"符号，这样的标记称为双标记。

（3）少数标记只有开始标记，无结束标记，这样的标记称为单标记。例如，<hr />。

（4）标记不区分大小写，但一般用小写。

（5）可以同时使用多个标记共同作用于网页中的内容，各标记之间的顺序任意排列。

2．标记的属性

许多标记符还包括一些属性，以便对标记符作用的内容进行更详细的控制。标记符可以通过不同的属性展现各种效果。

属性在标记中的使用格式如下。

<标记 属性 1="属性值 1" 属性 2="属性值 2"... >受标记影响的内容</标记>

例如，<h2 align="center">山东信息职业技术学院简介</h2>，使标题在浏览器中居中显示。

属性的规则如下。

（1）所有属性必须包含在开始标记里，不同属性间用空格隔开。有的标记无属性。

（2）属性值用双引号括起来，放在相应的属性之后，用等号分隔；属性值不设置时采用其默认值。

（3）属性之间顺序任意排例。

3．注释标记

如果需要在 HTML 文档中添加一些便于阅读和理解但又不需要显示在页面中的注释文字，就需要使用注释标记。其基本语法格式如下。

```
<!-- 注释文字 -->
```

例如，<h2 align="center">山东信息职业技术学院简介</h2>　<!--使标题居中显示-->
下面详细介绍 HTML 中的各种常用标记。

2.2.3　HTML 文本标记

网页中控制文本的标记有标题标记<h1>~<h6>、段落标记<p>、水平线标记<hr />、换行标记
、字体标记<font>、字符样式标记<strong><em>等。下面详细讲解这些标记和相应的属性设置。

1．标题标记

标题标记语法格式如下。

```
<hn align="对齐方式">标题文字</hn>
```

说明　　使用该标记符设置文档中的标题，其中 n 表示 1~6 的数字，分别表示一到六级标题，h1 表示一级标题，h6 表示六级标题。

用 hn 表示的标题文字在浏览器中显示时默认都以黑体显示，而且标题文字单独显示为一行。

align 属性表示标题文字的对齐方式，其取值如下。

（1）left：左对齐。

（2）center：居中对齐。

（3）right：右对齐。

（4）justify：两端对齐。

<hn>标记省略 align 属性时，默认为左对齐。

例2-3　标题标记示例，文件名：2-3.html。代码如下。

```
<!DOCTYPE html PUBLIC "-//W3C//DTD XHTML 1.0 Transitional//EN"
"http://www.w3.org/TR/xhtml1/DTD/xhtml1-transitional.dtd">
<html xmlns="http://www.w3.org/1999/xhtml">
<head>
<meta http-equiv="Content-Type" content="text/html; charset=utf-8" />
<title>标题标记</title>
</head>
<body>
<h1 align="left">这是一级标题</h1>
<h2 align="center">这是二级标题</h2>
<h3 align="right">这是三级标题</h3>
```

```
<h4 align="justify">这是四级标题</h4>
<h5>这是五级标题</h5>
<h6>这是六级标题</h6>
<p>这是普通段落</p>
</body>
</html>
```

浏览文件，效果如图 2-6 所示。

图 2-6　标题标记

XHTML 中不赞成使用<h></h>标记的 align 属性，一般通过 CSS 样式设置。

2．段落标记

段落标记语法格式如下。

```
<p align="对齐方式">段落文字</p>
```

"p"是英文"paragraph（段落）"的缩写。<p>和</p>之间的文字表示一个段落，多个段落需要用多对<p>标记。

align 属性表示段落的对齐方式，其取值同标题标记的 align 属性取值。

<p>标记省略 align 属性时，默认为左对齐。

例 2-4　段落标记示例，文件名：2-4.html。代码如下。

```
<!DOCTYPE html PUBLIC "-//W3C//DTD XHTML 1.0 Transitional//EN"
"http://www.w3.org/TR/xhtml1/DTD/xhtml1-transitional.dtd">
<html xmlns="http://www.w3.org/1999/xhtml">
<head>
<meta http-equiv="Content-Type" content="text/html; charset=utf-8" />
<title>段落标记</title>
</head>
<body>
<h2 align="center">山东信息职业技术学院简介</h2>
```

```
    <p>山东信息职业技术学院是山东省人民政府批准设立、国家教育部备案的公办省属普通高等学校，
由山东省经济和信息化委员会...</p>
    <p>在社会各界的关心和支持下，学院实现了平稳较快发展，办学规模不断扩大，教育教学质量不
断提高，办学条件优越。...</p>
</body>
</html>
```

浏览文件，效果如图2-7所示。

图2-7　段落标记

XHTML中不赞成使用<p>标记的align属性，一般通过CSS样式设置。

3．水平线标记

水平线标记语法格式如下。

```
<hr  align="对齐方式"  width="长度" size="粗细" color="颜色" />
```

"hr"是英文"Horizontal Rule"（水平线）的缩写。其作用是绘制一条水平直线。该标记为单标记。

hr标记的主要属性如下。

（1）align：表示水平线的对齐方式，其取值有三种——left（左对齐）、center（居中对齐）、right（右对齐），默认为center，居中对齐。

（2）width：设置水平线的长度，单位可以是像素或百分比。

（3）size：设置水平线的粗细，单位是像素。

（4）color：设置水平线的颜色，可以用颜色的英文单词，也可以用十六进制#RGB表示。

例2-5　水平线标记示例，文件名：2-5.html。代码如下。

```
<!DOCTYPE html PUBLIC "-//W3C//DTD XHTML 1.0 Transitional//EN"
"http://www.w3.org/TR/xhtml1/DTD/xhtml1-transitional.dtd">
<html xmlns="http://www.w3.org/1999/xhtml">
<head>
<meta http-equiv="Content-Type" content="text/html; charset=utf-8" />
```

```
<title>水平线标记</title>
</head>
<body>
<h2 align="center">山东信息职业技术学院简介</h2>
<hr align="center" color="#FF0000" width="500" size="3" />
<p>山东信息职业技术学院是山东省人民政府批准设立、国家教育部备案的公办省属普通高等学校，
由山东省经济和信息化委员会...</p>
<p>在社会各界的关心和支持下，学院实现了平稳较快发展，办学规模不断扩大，教育教学质量不断
提高，办学条件优越。...</p>
</body>
</html>
```

浏览文件，效果如图 2-8 所示。

图 2-8　水平线标记

（1）若使用代码<hr />，则绘制一条与浏览器等宽、粗细为 2 像素的水平线。

（2）网页设计中颜色的表示方法一般有两种。

① 用颜色的英文单词表示。

例如，red 表示红色，green 表示绿色，blue 表示蓝色。

例如，<hr color="blue" /> <!--绘制一条蓝色水平线-->。

② 用十六进制#RGB 表示。

R 表示红色的分量值，G 是绿色的分量值，B 是蓝色分量值，它们的取值范围都是十六进制数 00~FF，即十进制数 0~255。

例如，#FF0000 表示红色，#00FF00 表示绿色，#0000FF 表示蓝色，#FFFF00 表示黄色，#00FFFF 表示青色，#000000 表示黑色，#FFFFFF 表示白色。

例如，<hr color="#FFFF00" /> <!--绘制一条黄色水平线-->。

（3）水平线的颜色只有在浏览器中浏览时才能显示设置的颜色。

4．换行标记

换行标记语法格式如下。

```
<br />
```

"br" 是英文 "break" 的缩写。其作用是强制换行。该标记为单标记。

例 2-6　换行标记示例，文件名：2-6.html。代码如下。

```html
<!DOCTYPE html PUBLIC "-//W3C//DTD XHTML 1.0 Transitional//EN"
"http://www.w3.org/TR/xhtml1/DTD/xhtml1-transitional.dtd">
<html xmlns="http://www.w3.org/1999/xhtml">
<head>
<meta http-equiv="Content-Type" content="text/html; charset=utf-8" />
<title>换行标记</title>
</head>
<body>
<h1 align="center">无题</h1>
<hr />
<h3 align="center">李商隐</h3>
<p align="center">
昨夜星辰昨夜风，<br />
画楼西畔桂堂东。<br />
身无彩凤双飞翼，<br />
心有灵犀一点通。
</p>
</body>
</html>
```

浏览文件，效果如图 2-9 所示。

图 2-9　换行标记

注意

（1）使用标记
换行后，换行后的文字和上面的文字保持相同的属性，仍然是同一个段落，也就是说
使文字换行不分段。

（2）在 Dreamweaver CS6 的设计视图下，输入一段文字后，按回车键会将文字进行分段，代码中会自动添加<p>段落标记；若按 "Shift+回车键"，则给文字分行，即自动添加
标记，换行不分段。

5．字体标记

字体标记语法格式如下。

```
<font face="字体名称" color="文字颜色" size="文字大小">文本内容</font>
```

说明

设置网页中的文本字体、字号和颜色。

字体标记的主要属性如下。

（1）face 属性：设置文字的字体，例如，宋体、黑体和微软雅黑等。

（2）color 属性：设置文字的颜色。

（3）size 属性：设置文字的大小，取值范围是 1~7，7 号最大，1 号最小，默认大小是 3 号字。

例 2-7 字体标记示例，文件名：2-7.html。代码如下。

```
<!DOCTYPE html PUBLIC "-//W3C//DTD XHTML 1.0 Transitional//EN"
"http://www.w3.org/TR/xhtml1/DTD/xhtml1-transitional.dtd">
<html xmlns="http://www.w3.org/1999/xhtml">
<head>
<meta http-equiv="Content-Type" content="text/html; charset=utf-8" />
<title>字体标记</title>
</head>
<body>
<h1 align="center"><font color="#FF0000">无题</font></h1>
<hr />
<h3 align="center">李商隐</h3>
<p align="center">
<font face="微软雅黑" size="4" color="#0000FF">
昨夜星辰昨夜风，<br />
画楼西畔桂堂东。<br />
身无彩凤双飞翼，<br />
心有灵犀一点通。
</font>
</p>
</body>
</html>
```

浏览文件，效果如图 2-10 所示。

图 2-10 字体标记

XHTML 中不赞成使用<font>标记，一般通过 CSS 样式代替<font>来定义文本的字体、大小和颜色。

6．字体样式标记

字体样式标记可以设置文字的粗体、斜体、删除线或下划线效果，主要属性如下。

文本内容：文本以粗体显示。

文本内容：文本以斜体显示。

<del>文本内容</del>：文本以添加删除线方式显示。

<ins>文本内容</ins>：文本以添加下划线方式显示。

例 2-8　字体样式标记示例，文件名：2-8.html。代码如下。

```
<!DOCTYPE html PUBLIC "-//W3C//DTD XHTML 1.0 Transitional//EN"
"http://www.w3.org/TR/xhtml1/DTD/xhtml1-transitional.dtd">
<html xmlns="http://www.w3.org/1999/xhtml">
<head>
<meta http-equiv="Content-Type" content="text/html; charset=utf-8" />
<title>字体样式标记</title>
</head>
<body>
<h1 align="center"><font color="#FF0000">无题</font></h1>
<hr />
<h3 align="center">李商隐</h3>
<p align="center">
<strong>昨夜星辰昨夜风，</strong><br />
<em>画楼西畔桂堂东。</em><br />
<del>身无彩凤双飞翼，</del><br />
<ins>心有灵犀一点通。</ins>
</p>
</body>
</html>
```

浏览文件，效果如图 2-11 所示。

图 2-11　字体样式标记

7．特殊字符

在网页设计过程中，除了显示文字以外，有时还需要插入一些特殊的字符，如版权符号、注册商标、货币符号等。这些字符需要用一些特殊的符号来表示。表 2-1 列出了一些常用的特殊字符的符号代码。

表 2-1　常用特殊字符的符号代码

特殊字符	符号代码	备注
空格		表示一个英文字符的空格
>	&gt;	大于号
<	&lt;	小于号
©	&copy;	版权符号
®	&reg;	注册商标
¥	&yen;	人民币符号
……	……	……

例 2-9　特殊字符示例，文件名：2-9.html。代码如下。

```
<!DOCTYPE html PUBLIC "-//W3C//DTD XHTML 1.0 Transitional//EN"
"http://www.w3.org/TR/xhtml1/DTD/xhtml1-transitional.dtd">
<html xmlns="http://www.w3.org/1999/xhtml">
<head>
<meta http-equiv="Content-Type" content="text/html; charset=utf-8" />
<title>特殊符号</title>
</head>
<body>
<h2 align="center">山东信息职业技术学院简介</h2>
<hr />
<p>    山东信息职业技术学院是山东省人民政府批准设立、国家教育
部备案的公办省属普通高等学校...</p>
<p>    在社会各界的关心和支持下，学院实现了平稳较快发展，办学
规模不断扩大，教育教学质量不断提高，办学条件优越...</p>
<hr />
<p align="center">版权所有&copy;山东信息职业技术学院计算机系</p>
</body>
</html>
```

浏览文件，效果如图 2-12 所示。

（1）1 个汉字占 2 个字符的空格，即 2 个汉字空格需要 4 个英文空格。

（2）转义字符输入时，必须区分大小写。

（3）在 Dreamweaver CS6 中，执行"插入" | "HTML" | "特殊字符"命令，可以在文本中直接插入特殊字符。

（4）在 Dreamweaver CS6 设计视图下，输入空格时，可以直接按"Ctrl+Shift+空格键"。

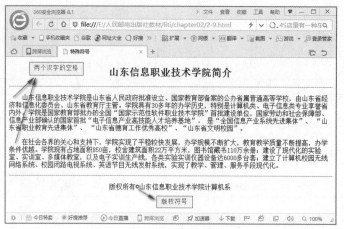

图 2-12　特殊字符

2.2.4　HTML 列表标记

列表是一种常用的组织信息的方式，HTML 提供了用于实现列表的标记符。列表样式有无序列表、有序列表、列表嵌套和自定义列表等。

1．无序列表

无序列表基本语法格式如下。

```
<ul>
    <li>列表项 1</li>
    <li>列表项 2</li>
    <li>列表项 3</li>
    ...
</ul>
```

说明

　　ul 是英文 "unordered list"（无序列表）的缩写。浏览器在显示无序列表时，将以特定的项目符号对列表项进行排列。

无序列表 ul 的常用属性如下。

type：用于设置项目符号样式，它有三种取值：circle（空心圆）、disc（实心圆）、square（实心方框）。默认值是 disc（实心圆）。

例 2-10　无序列表示例，文件名：2-10.html。代码如下。

```
<!DOCTYPE html PUBLIC "-//W3C//DTD XHTML 1.0 Transitional//EN"
"http://www.w3.org/TR/xhtml1/DTD/xhtml1-transitional.dtd">
<html xmlns="http://www.w3.org/1999/xhtml">
<head>
<meta http-equiv="Content-Type" content="text/html; charset=utf-8" />
<title>无序列表</title>
</head>
<body>
<h2>山东信息职业技术学院简介</h2>
<hr />
```

```
<ul>
 <li>学院概况</li>
 <li>学院历史</li>
 <li>招生就业</li>
 <li>团学工作</li>
</ul>
<hr />
<ul type="circle">
 <li>学院概况</li>
 <li>学院历史</li>
 <li>招生就业</li>
 <li>团学工作</li>
</ul>
<hr />
<ul type="square">
 <li>学院概况</li>
 <li>学院历史</li>
 <li>招生就业</li>
 <li>团学工作</li>
</ul>
</body>
</html>
```

浏览文件，效果如图 2-13 所示。

图 2-13　无序列表

注意

（1）不赞成使用无序列表的 type 属性，一般通过 CSS 样式属性设置项目符号。

（2）<li>与</li>之间相当于一个容器，可以容纳所有的元素。但是<ul>与</ul>中只能嵌套<li></li>，直接在<ul>与</ul>标记中输入文字的做法是不被允许的。

2．有序列表

有序列表基本语法格式如下。

```
<ol>
    <li>列表项 1</li>
    <li>列表项 2</li>
    <li>列表项 3</li>
    ...
</ol>
```

说明　　　　ol 是英文"ordered list"（有序列表）的缩写。浏览器在显示有序列表时，将按顺序对列表项进行排列。

有序列表 ol 的常用属性如下。

（1）type：用于设置列表编号的样式，它有以下五种取值。

① 1：表示 1、2、3 等顺序符号。该样式是默认样式。

② a：表示小写字母 a、b、c 等。

③ A：表示大写字母 A、B、C 等。

④ i：表示小写罗马数字 i、ii、iii 等。

⑤ I：表示大写罗马数字 I、II、III 等。

（2）start：设置列表的起始编号，通常不必设置。

例 2-11　有序列表示例，文件名：2-11.html。代码如下。

```
<!DOCTYPE html PUBLIC "-//W3C//DTD XHTML 1.0 Transitional//EN"
"http://www.w3.org/TR/xhtml1/DTD/xhtml1-transitional.dtd">
<html xmlns="http://www.w3.org/1999/xhtml">
<head>
<meta http-equiv="Content-Type" content="text/html; charset=utf-8" />
<title>有序列表</title>
</head>
<body>
<h2>本学期所学课程</h2>
<hr />
<ol>
 <li>计算机文化基础</li>
 <li>网页设计</li>
 <li>C 语言程序设计</li>
 <li>大学英语</li>
</ol>
<hr />
<ol type="A">
 <li>计算机文化基础</li>
 <li>网页设计</li>
```

```
 <li>C 语言程序设计</li>
 <li>大学英语</li>
</ol>
<hr />
<ol type="I">
 <li>计算机文化基础</li>
 <li>网页设计</li>
 <li>C 语言程序设计</li>
 <li>大学英语</li>
</ol>
</body>
</html>
```

浏览文件，效果如图 2-14 所示。

图 2-14　有序列表

3．列表嵌套

在 HTML 中可以实现列表的嵌套，也就是说，无序列表或有序列表的列表项中还可以包含有序列表或无序列表。

例 2-12　列表嵌套示例，文件名：2-12.html。代码如下。

```
<!DOCTYPE html PUBLIC "-//W3C//DTD XHTML 1.0 Transitional//EN"
"http://www.w3.org/TR/xhtml1/DTD/xhtml1-transitional.dtd">
<html xmlns="http://www.w3.org/1999/xhtml">
<head>
<meta http-equiv="Content-Type" content="text/html; charset=utf-8" />
<title>列表嵌套</title>
</head>
<body>
<h2>今天的课程表</h2>
<hr />
<ul>
 <li>上午课程</li>
```

```
    <ul>
     <li>计算机文化基础</li>
     <li>网页设计</li>
     </ul>
  <li>下午课程</li>
     <ol>
     <li>C 语言程序设计</li>
     <li>大学英语</li>
     </ol>
</ul>
</body>
</html>
```

浏览文件，效果如图 2-15 所示。

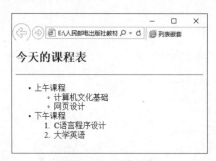

图 2-15　列表嵌套

4．自定义列表

自定义列表用于对条目或术语进行解释或描述，与无序列表和有序列表不同，自定义列表的列表项前没有任何项目符号。

自定义列表基本语法格式如下。

```
<dl>
    <dt>条目 1</dt>
     <dd>数据</dd>
     <dd>数据</dd>
     ...
    <dt>条目 2</dt>
     <dd>数据</dd>
     <dd>数据</dd>
     ...
     ...
</dl>
```

说明

dl 是英文"definition list"（定义列表）的缩写。dt 是"definition term"的缩写，表示条目名称；dd 是"definition data"的缩写，表示条目的数据内容。

dl 标记符中可以有多对 dt 标记，每对 dt 标记符下可以有多对 dd 标记。

自定义列表在显示时，定义的内容会自动缩进一定的距离，使列表结构更加清晰。

例 2-13　自定义列表示例，文件名：2-13.html。代码如下。

```
<!DOCTYPE html PUBLIC "-//W3C//DTD XHTML 1.0 Transitional//EN"
"http://www.w3.org/TR/xhtml1/DTD/xhtml1-transitional.dtd">
<html xmlns="http://www.w3.org/1999/xhtml">
<head>
<meta http-equiv="Content-Type" content="text/html; charset=utf-8" />
<title>自定义列表</title>
</head>
<body>
<h2>专业介绍</h2>
<hr />
<dl>
 <dt>计算机应用技术专业</dt>
  <dd>学习网页设计（网站美工、动态网站设计）、软件开发、网络管理等，能从事网页设计、网
站开发、计算机应用系统分析、数据库设计、软件编程、软件测试以及网络管理与维护工作的高端技术技
能型人才 。</dd>
 <dt>计算机通信专业</dt>
  <dd>主要面向中国移动、联通、电信等国内知名通信运营商和华为等设备制造商及第三方通信
技术服务公司或相关企业，从事 4G 移动网络建设初期的基站建设开通、单站测试、开网优化，以及网站
开发、手机软件、电信增值业务；机关、企事业单位局域网规划、建设、管理、维护与应用开发等。</dd>
 </dl>
</body>
</html>
```

浏览文件，效果如图 2-16 所示。

图 2-16　自定义列表

注意　　自定义列表常用于图文混排，通常的做法是：<dt>与</dt>标记中插入图片，<dd>与</dd>标记中放入对图片解释的文字。下面举例说明。

例 2-14　自定义列表实现图文混排示例，文件名：2-14.html。代码如下。

```
<!DOCTYPE html PUBLIC "-//W3C//DTD XHTML 1.0 Transitional//EN"
"http://www.w3.org/TR/xhtml1/DTD/xhtml1-transitional.dtd">
<html xmlns="http://www.w3.org/1999/xhtml">
<head>
<meta http-equiv="Content-Type" content="text/html; charset=utf-8" />
<title>自定义列表-图文混排</title>
</head>
<body>
<h2>潍坊</h2>
<hr />
<dl>
 <dt><img src="images/weifang.jpg" width="371" height="240" alt="潍坊全貌"
/></dt>
 <dd>
 <p> 潍坊市位于山东半岛中部,地跨北纬 35°41′至 37°26′,东经 118°10′至 120°01′,
潍坊市辖 4 区、6 市、2 县、1 个国家级开发区、1 个国家出口加工区、2 个省级开发区,面积 15859 平
方公里,人口 850 万,是著名的世界风筝都、中国优秀旅游城市、中国人居环境奖水环境治理优秀范例
城市、国家环境保护模范城市,入选 2006 年中国特色魅力城市。
 </p>
 </dd>
</dl>
</body>
</html>
```

浏览文件，效果如图 2-17 所示。

图 2-17　自定义列表实现图文混排

（1）<img>是插入图像的标记，本章后面再详细介绍。

（2）若要实现让<dt>与</dt>中的图片和<dd>与</dd>中的文字水平排列，则需用 CSS 样式实现。关于 CSS 的内容后面再详细介绍。

2.2.5　HTML 超链接标记

超链接是所有网站都具有的重要特征。超链接一般有以下几种。

（1）页面间的超链接：该链接指向当前页面以外的其他页面，单击该链接将完成页面之间的跳转。

（2）锚点链接：该链接指向页面内的某一个地方，单击该链接可以完成页面内的跳转。

（3）空链接：单击该链接时不进行任何跳转。

超链接的语法格式如下。

```
<a href="目标地址" target="目标窗口" title="提示文字">热点文字</a>
```

说明

（1）href：定义超链接所指向的文档的 URL，URL 可以是绝对 URL，也可以是相对 URL。

（2）绝对 URL：也指绝对路径，是指资源的完整地址，包含协议名称、计算机域名以及包含路径的文件名，例如，<a href="http://www.baidu.com">百度</a>。

（3）相对 URL：也指相对路径，是指目标地址相对当前页面的路径。

例如，<a href="webs/page1.html">热点文字</a>，表示 page1.html 是在当前目录下 webs 子目录中的文件。

若目标文件是在当前目录的上一级目录中，可写成下面的格式：

<a href="../page1.html">热点文字</a>，其中，..表示当前目录的上一级目录。

（4）target：定义超链接的目标文件在哪个窗口打开。其取值有：_blank、_self、_parent、_top。_blank 表示在新的浏览器窗口打开；_self 表示在原来的窗口打开；_parent 和_top 是指在哪个框架中打开。

（5）title：定义鼠标指向超链接文字时显示的提示文字。通常在网页中显示新闻列表时，鼠标指向新闻时可显示完整的新闻标题，此时就是用 title 设置显示的内容。

例如，<a href="new1.html" title="学院成功举办庆祝抗日战争胜利 70 周年暨纪念一二 ·九运动 80 周年歌咏比赛">学院成功举办庆祝抗日战争胜利 70 周年</a>。

1．页面间的超链接

例 2-15　创建两个页面，实现两个页面间的跳转，文件名：2-15-1.html 和 2-15-2.html。
第一个页面文件 2-15-1.html 的代码如下。

```
<!DOCTYPE html PUBLIC "-//W3C//DTD XHTML 1.0 Transitional//EN"
"http://www.w3.org/TR/xhtml1/DTD/xhtml1-transitional.dtd">
<html xmlns="http://www.w3.org/1999/xhtml">
<head>
<meta http-equiv="Content-Type" content="text/html; charset=utf-8" />
<title>页面间的超链接</title>
</head>
X<body>
<p><a href="2-15-2.html">学院简介</a></p>
</body>
</html>
```

第二个页面文件 2-15-2.html 的代码如下。

```
<!DOCTYPE html PUBLIC "-//W3C//DTD XHTML 1.0 Transitional//EN"
"http://www.w3.org/TR/xhtml1/DTD/xhtml1-transitional.dtd">
<html xmlns="http://www.w3.org/1999/xhtml">
<head>
<meta http-equiv="Content-Type" content="text/html; charset=utf-8" />
<title>页面间的超链接</title>
</head>
<body>
<h2>学院简介</h2>
<hr />
<p>山东信息职业技术学院是山东省人民政府批准设立、国家教育部备案的公办省属普通高等学校，由山东省经济和信息化委员会、山东省教育厅主管。学院具有30多年的办学历史，特别是计算机类、电子信息类专业享誉省内外。学院是国家教育部批办的全国"国家示范性软件职业技术学院"首批建设单位，国家劳动和社会保障部、信息产业部确认的国家首批"电子信息产业高技能人才培养基地"，是"全国信息产业系统先进集体"、"山东省职业教育先进集体"、"山东省德育工作优秀高校"、"山东省文明校园"。</p>
<p><a href="2-15-1.html">返回</a></p>
</body>
</html>
```

浏览文件，效果如图2-18所示。

图2-18　页面间的超链接

在浏览器中打开 2-15-1.html 文件时，建立了超链接的文字"学院简介"变成了蓝色，且自动添加了下划线。当鼠标移动到"学院简介"上时，鼠标变成小手的形状，单击该链接，页面跳转到 2-15-2.html "学院简介"页面。

单击 2-15-2.html "学院简介"页面中的"返回"时，则跳转到第一个页面。

在 Dreamweaver 设计视图下，选中要建立超链接的文字，通过下方的属性面板也可以直接创建超链接，如图2-19所示。

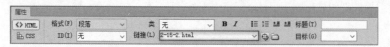

图2-19　在属性面板中创建超链接

2．锚点链接

当同一页面中包含很多信息，而且这些信息分别属于不同的类别或者被划分为不同的部分时，我们可以创建多个页面内超链接，即锚点链接，以方便浏览者阅读。

创建锚点链接实际上分两步，首先定义锚点，使用语法<a name="锚点名称"></a>；然后再创建指向锚点的链接，使用语法<a href="#锚点名称">热点文字</a>。

例2-16 创建一个专业介绍页面，显示多个专业的详细信息，文件名：2-16.html。

代码如下。

```
<!DOCTYPE html PUBLIC "-//W3C//DTD XHTML 1.0 Transitional//EN"
"http://www.w3.org/TR/xhtml1/DTD/xhtml1-transitional.dtd">
<html xmlns="http://www.w3.org/1999/xhtml">
<head>
<meta http-equiv="Content-Type" content="text/html; charset=utf-8" />
<title>页面内的超链接</title>
</head>
<body>
<p><a href="#yingyong">计算机应用技术专业</a>    <a
href="#tongxin">计算机通信专业</a>    <a href="#wulianwang">
物联网应用技术专业</a></p>
<a name="yingyong"></a><h4>计算机应用技术专业</h4>
<p>计算机应用技术专业为我院办学之初开设专业之一，教学经验丰富，师资力量雄厚，教学设施齐
备...</p>
<a name="tongxin"></a><h4>计算机通信专业</h4>
<p>计算机通信专业开设于2006年，是学院的骨干专业之一，也是计算机工程系的重点建设专业。
2010年和2014年分别与无锡三通科技有限公司、华为技术有限公司和深圳讯方公司签署协议...</p>
<a name="wulianwang"></a><h4>物联网应用技术专业</h4>
<p>我院的物联网应用技术专业开设于2012年9月，学制3年，2012年9月正式开始招生。该专
业是学院的重点扶持专业，也是计算机工程系的重点建设专业，招生对象为参加高考的普通高中毕业生和
中职毕业生...</p>
</body>
</html>
```

浏览文件，效果如图2-20所示。

浏览该页面时，当鼠标单击带有超链接的专业名称时，页面自动跳转到指定专业内容部分，完成了页面内的跳转。

实际上，锚点链接也可以用在不同的页面之间。只须在建立超链接的目标位置时，在锚点名称前加上页面文件的URL即可。感兴趣的读者可以自行尝试。

图2-20 锚点链接

在 Dreamweaver 设计视图下也可以建立锚点链接，请同学们自行尝试。

3．空链接

在制作网页时，如果暂时无法确定超链接的目标文件，就可以将其建立为空链接。空链接语法格式如下。

```
<a href="#">热点文字</a>
```

单击空链接时不进行任何跳转。

2.2.6　HTML 图像标记

1．常用 Web 图像格式

网页中图像太大会造成载入速度缓慢，太小又会影响图像的质量。下面介绍在网页中常用的 3 种图像格式。

（1）GIF 格式。

GIF 最突出的地方就是它支持动画，同时 GIF 也是一种无损的图像格式，也就是说修改图片之后，图片质量几乎没有损失。而且 GIF 支持透明格式，因此很适合在互联网上使用。但 GIF 只能处理 256 种颜色，在网页制作中，GIF 格式常用于 LOGO、小图标及其他相对单一的图像。

（2）PNG 格式。

PNG 包括 PNG-8、真色彩 PNG-24 和 PNG-32。相对于 GIF，PNG 最大的优势是体积更小，支持透明，并且颜色过渡更光滑，但 PNG 不支持动画。通常，图片保存为 PNG-8 会在同等质量下获得比 GIF 更小的体积，而半透明的图片只能使用 PNG-24。

（3）JPG 格式。

JPG 显示的颜色比 GIF 和 PNG 多得多，可以用来保存超过 256 种颜色的图像，但 JPG 是一种有损压缩的图像格式，这就意味着每修改一次图片，都会造成一些图像数据的丢失。JPG 是特别为照片设计的文件格式，网页制作过程中类似于照片的图像比如横幅广告(banner)、商品图片、较大的插图等都可以保存为 JPG 格式。

简言之，在网页中小图片或网页基本元素如图标、按钮等用 GIF 或 PNG-8 格式，半透明的图像使用 PNG-24 格式，类似照片的图像则使用 JPG 格式。

2．图像标记

图像标记语法格式如下。

```
<img src="图像路径" alt="替换文本" title="提示文本" width="图像宽度" height="图像高度" border="边框粗细" vspace="垂直边距" hspace="水平边距" align="对齐方式" />
```

（1）src 属性：设置图像的来源，指定图像文件的路径和文件名，它是 img 标记的必需属性。

（2）alt 属性：图像不能显示时的替换文本。

（3）title 属性：鼠标指向图像时显示的文本。

（4）width 属性：设置图像的宽度。

（5）height 属性：设置图像的高度。

（6）border 属性：设置图像的边框的粗细。

（7）vspace 属性：设置图像与周围元素之间的垂直边距。

（8）hspace 属性：设置图像与周围元素之间的水平边距。

（9）align 属性：设置图像的对齐方式，其取值有 left、right、top、middle、bottom 等。常用的有 left 和 right，可使图像与周围文字环绕，图像位于文字的左侧或右侧。

例 2-17　图像标记示例，文件名：2-17.html。代码如下。

```
<!DOCTYPE html PUBLIC "-//W3C//DTD XHTML 1.0 Transitional//EN"
"http://www.w3.org/TR/xhtml1/DTD/xhtml1-transitional.dtd">
<html xmlns="http://www.w3.org/1999/xhtml">
<head>
<meta http-equiv="Content-Type" content="text/html; charset=utf-8" />
<title>图像标记</title>
</head>
<body>
<h1 align="center">学院风景</h1>
<hr />
<img src="images/school4.jpg" width="200" height="150" alt="学院体育场"
title="学院体育场" border="2" vspace="20" hspace="20" align="left" />
<p>    山东信息职业技术学院体育场拥有 400 米跑道(中心含足球
场)，有固定道牙，跑道 8 条，并有固定看台的室外田径场地。建筑面积 4000 平方米，体育场中心铺有
塑胶跑道，体育场看台可以容纳观众 5000-15000 人。每年秋季或春季都要在此举办全院教职工运动会。
</p>
</body>
</html>
```

浏览文件，效果如图 2-21 所示。

图 2-21　图像标记

（1）各浏览器对 alt 属性的解析不同，有的浏览器不能正常显示 alt 属性的内容。

（2）width 和 height 属性默认的单位都是像素，也可以使用百分比。使用

百分比时实际上是相对于当前窗口的宽度和高度。

（3）如果不给 img 标记设置 width 和 height 属性，则图像按原始尺寸显示；若只设置其中的一个值，则另一个会按原图等比例显示。

（4）设置图像的 width 和 height 属性可以实现对图像的缩放，但这样做并没有改变图像文件的实际大小。如果要加快网页的下载速度，最好使用图像处理软件将图像调整到合适大小，然后再置入网页中。

（5）在 Dreamweaver CS6 中，执行"插入"｜"图像"命令或按组合键"Ctrl+Alt+I"，可以快速插入图像。插入图像后，选中图像，在设计视图下的属性栏中可以设置图像的大小等属性。

（6）XHTML 中不赞成<img>标记使用 border、vspace、hspace 及 align 属性，一般通过 CSS 样式设置。

3．给图像创建超链接

图像不仅能够给浏览者提供信息，也可以创建超链接。使用图像创建超链接的方法与使用文字创建超链接的方法一样，在图像标记前后使用<a>和</a>标记即可。

例 2-18　创建图像超链接示例，文件名：2-18.html。代码如下。

```
<!DOCTYPE html PUBLIC "-//W3C//DTD XHTML 1.0 Transitional//EN"
"http://www.w3.org/TR/xhtml1/DTD/xhtml1-transitional.dtd">
<html xmlns="http://www.w3.org/1999/xhtml">
<head>
<meta http-equiv="Content-Type" content="text/html; charset=utf-8" />
<title>给图像创建超链接</title>
</head>
<body>
<p align="center"><a href="http://www.sdcit.cn"><img src="images/xiaohui.
png" width="73" height="77" alt="学院 LOGO" /></a></p>
<p align="center"><a href="images/school5.jpg"><img src="images/school5.
jpg" width="200" height="150" alt="学院风景之一" border="1" /></a></p>
</body>
</html>
```

浏览文件，并单击网页中的两个图像，效果如图 2-22 所示。

图 2-22　给图像创建超链接

图 2-22　给图像创建超链接（续）

在例 2-18 的代码中，给第一个图像创建了到学院网站的超链接，给第二个图像创建了到图像本身的超链接。将图像超链接到图像本身可以查看图像原图。

注意

在 Dreamweaver CS6 设计视图下，选中图像，通过下方的属性面板也可以设置图像的超链接，如图 2-23 所示。

图 2-23　在属性面板中给图像创建超链接

4．给图像创建图像映射

所谓图像映射是指在图像上创建图像热点，给热点建立超链接。当浏览者单击图像的热点区域时，浏览器会自动跳转到相应的页面。

下面举例说明创建图像映射的方法。

例 2-19　创建图像映射示例，如图 2-24 所示。当单击图片区域中的"山东信息技术学院"文字时，超链接到学院网站。文件名：2-19.html。

图 2-24　创建图像映射

创建方法如下。

在 Dreamweaver CS6 设计视图下，选中图像，选择属性面板中左下方的矩形热点工具，在图片文字区域部分，画出一矩形。然后在下方的属性面板中输入超链接的地址：http://www.sdcit.cn，如图 2-25 所示。

图 2-25　设置图像热点的超链接地址

此时网页文件 2-19.html 的源代码如下。

```
<!DOCTYPE html PUBLIC "-//W3C//DTD XHTML 1.0 Transitional//EN"
"http://www.w3.org/TR/xhtml1/DTD/xhtml1-transitional.dtd">
<html xmlns="http://www.w3.org/1999/xhtml">
<head>
<meta http-equiv="Content-Type" content="text/html; charset=utf-8" />
<title></title>
</head>
<body>
<p align="center"><img src="images/school5.jpg" alt="学院风景之一"
usemap="#Map" border="0" />
  <map name="Map" id="Map">
    <area shape="rect" coords="465,107,653,159" href="http://www.sdcit.cn" />
  </map>
</p>
</body>
</html>
```

可以看出，图像映射的标记是<map></map>，它定义了图像映射的区域和超链接的目标地址。通过<img>标记中的 usemap 属性与图像映射的区域建立联系。在 Dreamweaver CS6 设计视图下创建图像映射时，这些代码会自动生成。

　　　　一幅图像中可以建立多处图像映射，可以超链接到多个不同的目标地址。

2.3　案例实现

本节在前面学习的 HTML 基本标记的基础上，综合使用各种标记及标记属性创建简单的学校网站。

2.3.1　创建站点

本章 2.1 节中已展示过简单的学校网站由 4 个页面构成，而且用到了多幅图像，为了便于操作和组织这些文件，最好先创建网站站点。站点能够帮助我们系统地管理网站文件。简单地说，建立站点就是定义一个存放网站中所有文件的文件夹，创建站点后，对于网站的修改和移植等都很方便。

创建站点的步骤如下。

（1）在磁盘指定位置创建网站根目录。这里在"E 盘 | 人民邮电出版社教材 | 例题 | chapter02"目录下创建文件夹"schoolSite"，作为网站根目录，如图 2-26 所示。

（2）在站点中创建 images 文件夹，存放网站中用到的素材图像。将图像文件素材复制到该文件夹中。

（3）打开 Dreamweaver CS6 工具，在菜单栏中选择"站点" | "新建站点"命令，在打开的窗口中输入站点名称。然后选择站点文件夹的存储位置，如图 2-27 所示。

图 2-26　建立站点根目录

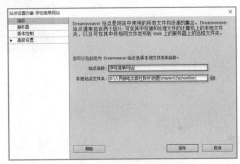

图 2-27　建立站点

（4）单击图 2-27 所示的"保存"按钮，在 Dreamweaver CS6 的文件面板中可查看到刚刚建立的站点信息，如图 2-28 所示。

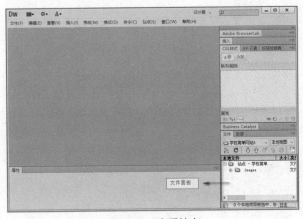

图 2-28　查看站点

注意
若文件面板没有显示在 Dreamweaver 界面中，可执行"窗口"｜"文件"命令（或按 F8 键）使其显示。其他面板的显示也通过"窗口"菜单命令实现。

2.3.2 创建首页

1．页面分析

分析首页效果图 2-29，可看到该页面中有标题和超链接的文字以及图片等。标题文字可以使用标题标记<h2>，标题文字颜色可以使用<font>标记设置。带有超链接的文字可以使用段落标记<p>，换行使用
。图像可以使用<img />标记。若要使图像居中，可以将图像放入段落中，使段落居中对齐。

图 2-29　首页浏览效果

2．创建首页

在 Dreamweaver 文件面板中右键单击站点名称，选择"新建文件"，将文件名称改为 index.html，并添加代码如下。

```
<!DOCTYPE html PUBLIC "-//W3C//DTD XHTML 1.0 Transitional//EN"
"http://www.w3.org/TR/xhtml1/DTD/xhtml1-transitional.dtd">
<html xmlns="http://www.w3.org/1999/xhtml">
<head>
<meta http-equiv="Content-Type" content="text/html; charset=utf-8" />
<title>山东信息职业技术学院</title>
</head>
<body>
<h2 align="center" ><font color="red">欢迎来到山东信息职业技术学院</font></h2>
<hr />
<p  align="center"><a href="#">学院简介</a><br />
<a href="#">学院新闻</a><br />
<a href="#">专业介绍</a><br />
<a href="#">招生就业</a></p>
```

```
<p  align="center"><img src="images/school1.jpg" width="300" height="200"
alt="学院风景" title="办公楼" /></p>
<hr />
<p>友情链接：<a href="http://www.baidu.com">百度</a>    
<a href="http://www.sina.com">新浪</a><br />
</body>
</html>
```

浏览文件，效果如图 2-29 所示。

2.3.3　创建学院简介页面

1．页面分析

分析学院简介页面效果图 2-30，该页面中主要有标题和段落文字以及图片等。标题文字依然使用标题标记<h2>，标题文字颜色可以使用<font>标记设置。"返回"超链接，使用标记<a>返回到首页。段落文字使用标记<p>。图像使用<img />标记。空格使用特殊字符 。若要使图像与文字环绕，设置图像的 align 属性为 left 或 right 即可。

图 2-30　学院简介页面浏览效果

2．创建学院简介页面

在 Dreamweaver 文件面板中右键单击站点名称，选择"新建文件"命令，将文件名称改为 intr.html，并添加代码如下。

```
<!DOCTYPE html PUBLIC "-//W3C//DTD XHTML 1.0 Transitional//EN"
"http://www.w3.org/TR/xhtml1/DTD/xhtml1-transitional.dtd">
<html xmlns="http://www.w3.org/1999/xhtml">
<head>
<meta http-equiv="Content-Type" content="text/html; charset=utf-8" />
<title>学院简介</title></head>
<body>
<h2 align="center" ><font color="red">山东信息职业技术学院简介</font></h2>
<hr />
<p><a href="index.html">返回</a></p>
```

```
<img src="images/school2.jpg" width="200" height="150" align="left"
vspace="20" hspace="20" />
```

<p>   山东信息职业技术学院是山东省人民政府批准设立、国家教育部备案的公办省属普通高等学校，由山东省经济和信息化委员会、山东省教育厅主管。学院具有 30 多年的办学历史，特别是计算机类、电子信息类专业享誉省内外。学院是国家教育部批办的全国“国家示范性软件职业技术学院”首批建设单位，国家劳动和社会保障部、信息产业部确认的国家首批“电子信息产业高技能人才培养基地”，是“全国信息产业系统先进集体”、“山东省职业教育先进集体”、“山东省德育工作优秀高校”、“山东省文明校园”。</p>

```
<img src="images/school3.jpg" width="200" height="150" align="right"
vspace="20" hspace="20" />
```

<p>   学院坚持“以服务为宗旨，以就业为导向”的职业教育办学方针，紧密结合国家大力发展电子信息产业、信息化与工业化相融合战略，积极参与山东电子信息产业大发展和山东半岛蓝色经济区建设，充分发挥专业优势，形成了布局合理、特色鲜明、优势明显，适应我省经济社会发展和岗位需求的专业群。目前，开设了计算机类、软件类、电子信息类、机电类、财经类、文秘类、商管类、艺术类等八大类别 37 个专业，在校生一万余人。</p>

<p>   学院以培养学生的职业能力为主线，以培养创新实践能力为重点，以实训基地建设为依托，以科研和技术服务为支撑，突出教学实践环节，推进校企合作，实施“工学交替”、“顶岗实习”教育模式，开展“订单式”教育，着重培养生产、管理、建设、服务一线需要的应用型高技能人才。学院实施“多证书”工程，学生在取得毕业证书的同时，还可以获得多种高层次职业资格证书，毕业生以“综合素质高、实践能力强、适应岗位快”而受到用人单位的广泛好评。2007 年毕业生就业率位居全省同类院校首位，2008 年、2009 年毕业生就业率继续保持全省同类院校前列。</p>

```
</body>
```

```
</html>
```

浏览文件，效果如图 2-30 所示。

2.3.4 创建学院新闻页面

1．页面分析

分析学院新闻页面效果图 2-31，该页面中主要由标题和列表文字组成。标题文字依然使用标题标记<h2>，标题文字颜色可以使用<font>标记设置。“返回”超链接，使用标记<a>返回到首页。列表文字使用标记<ul>。

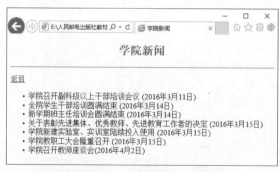

图 2-31 学院新闻页面浏览效果

2．创建学院新闻页面

在 Dreamweaver 文件面板中右键单击站点名称，选择“新建文件”命令，将文件名称改为 news.html，并添加代码如下。

```
<!DOCTYPE html PUBLIC "-//W3C//DTD XHTML 1.0 Transitional//EN"
"http://www.w3.org/TR/xhtml1/DTD/xhtml1-transitional.dtd">
<html xmlns="http://www.w3.org/1999/xhtml">
<head>
<meta http-equiv="Content-Type" content="text/html; charset=utf-8" />
<title>学院新闻</title>
<body>
<h2 align="center" ><font color="red">学院新闻</font></h2>
<hr />
<p><a href="index.html">返回</a></p>
<ul>
    <li>学院召开副科级以上干部培训会议（2016 年 3 月 11 日）
    <li>全院学生干部培训圆满结束（2016 年 3 月 14 日)</li>
    <li>新学期班主任培训会圆满结束（2016 年 3 月 14 日）</li>
    <li>关于表彰先进集体、优秀教师、先进教育工作者的决定（2016 年 3 月 15 日)</li>
    <li>学院新建实验室、实训室陆续投入使用（2016 年 3 月 15 日）</li>
    <li>学院教职工大会隆重召开（2016 年 3 月 15 日)</li>
    <li>学院召开教师座谈会(2016 年 4 月 2 日)</li>
 </ul>
</body>
</html>
```

浏览文件，效果如图 2-31 所示。

2.3.5　创建专业介绍页面

1．页面分析

分析专业介绍页面效果图 2-32，该页面中主要由各级标题和段落文字组成。标题文字可以分别使用标记<h2>、<h3>和<h4>，标题文字颜色可以使用<font>标记设置。"返回"超链接，使用标记<a>返回到首页。段落文字使用标记<p>，需要强调的文字使用标记<strong>。

图 2-32　专业介绍页面浏览效果

2．创建专业介绍页面

在 Dreamweaver 文件面板中右键单击站点名称，选择"新建文件"命令，将文件名称改为：spe.html，并添加代码如下。

```
<!DOCTYPE html PUBLIC "-//W3C//DTD XHTML 1.0 Transitional//EN"
"http://www.w3.org/TR/xhtml1/DTD/xhtml1-transitional.dtd">
<html xmlns="http://www.w3.org/1999/xhtml">
<head>
<meta http-equiv="Content-Type" content="text/html; charset=utf-8" />
<title>专业介绍</title></head>
<body>
<a name="top"></a>
<h2 align="center" ><font color="red"><a name="top">山东信息职业技术学院专业
介绍</a></font></h2>
<hr />
<p><a href="index.html">返回</a>    <a href="#bottom">
到页尾</a></p>
<h3 align="center">计算机系</h3>
<h4>计算机应用技术专业</h4>
<p>计算机应用技术专业为我院办学之初开设专业之一，教学经验丰富，师资力量雄厚，教学设施齐
备。本专业优化人才培养方案，专注于培养能从事网页设计、网站开发、计算机应用系统分析、数据库设
计、软件编程、软件测试以及网络管理与维护工作的高端技术技能型人才。本专业与省内外 20 余家 IT
企业签订合作办学协议，实行工学交替、顶岗实习的职业能力培养模式。本专业招生对象为参加高考的普
通高中毕业生和中职毕业生。</p>
<p><strong>专业优势：</strong>
学院具有近 30 年的计算机、电子信息技术类专业办学历史。教学经验丰富，师资力量雄厚，信息化
教学资源充实。</p>
...
<p><a href="#top">到页头</a></p>
<a name="bottom"></a>
</body>
</html>
```

浏览文件，效果如图 2-32 所示。

至此，4 个页面创建完成。最后，在 Dreamweaver 的文件面板中，双击打开 index.html
页面，修改该页面的代码，将"学院简介、学院新闻、专业介绍"等文字的超链接修改成相
应的页面文件，代码如下。

```
<p align="center"><a href="intr.html">学院简介</a><br />
<a href="news.html">学院新闻</a><br />
<a href="spe.html">专业介绍</a><br />
<a href="#">招生就业</a></p>
```

该站点中的招生就业页面请同学们自行实现。

　　　　　本案例中使用的标记代码并不是只有一种形式。采用其他的标记或属性实
现同样的效果当然也是可以的。代码的编写其实很灵活。

注意

本章小结

本章主要围绕简单学校网站的制作，介绍了 HTML 的文本及段落标记、字体及字体样式标记、列表标记、超链接标记以及图像标记等的使用方法。最后综合利用这些标记完成了简单学校网站案例的制作。

通过本章的学习，读者可以掌握 HTML 最常用标记的使用方法。熟练掌握 HTML 语言是进一步学好网页制作的关键内容。

习题 2

一、选择题

1. 网页的主体内容写在（　　）标记内部。

A）<body>　　　　　B）<head>　　　　　C）<p>　　　　　D）<html>

2. 以下标记符中，用于设置页面标题的是（　　）。

A）<title>　　　　　B）<caption>　　　　　C）<head>　　　　　D）<html>

3. HTML 指的是？（　　）

A）超文本标记语言（Hyper Text Markup Language）

B）家庭工具标记语言（Home Tool Markup Language）

C）超链接和文本标记语言（Hyperlinks and Text Markup Language）

D）样式表（CSS）和 JavaScript 语言

4. 用 HTML 标记语言编写一个简单的网页时，网页最基本的结构是（　　）。

A）<html> <head>...</head> <frame>...</frame> </html>

B）<html> <title>...</title> <body>...</body> </html>

C）<html> <title>...</title> <frame>...</frame> </html>

D）<html> <head>...</head> <body>...</body> </html>

5. 可以不用发布就能在本地计算机上浏览的页面编写语言是（　　）。

A）ASP　　　　　B）HTML　　　　　C）PHP　　　　　D）JSP

6. 以下标记符中，没有对应的结束标记的是（　　）。

A）<body>　　　　　B）
　　　　　C）<html>　　　　　D）<title>

7. <title>和</title>标记必须包含在（　　）标记中。

A）<body>和</body>　　　　　　　　B）<table>和</table>

C）<head>和</head>　　　　　　　　D）<P>和</P>

8. 为了标识一个 HTML 文件，应该使用的 HTML 标记是（　　）。

A）<p>和</p>　　　　　　　　　　B）<boby>和</body>

C）<html>和</html>　　　　　　　　D）<table>和</table>

9. 请选择产生粗体字的 HTML 标记（　　）。

A）<bold>　　　　　B）<bb>　　　　　C）<strong>　　　　　D）<bld>

10. 在下列 HTML 标记中，哪个可以插入换行？（　　）。

A）
　　　　　B）<enter>　　　　　C）<break>　　　　　D）<b>

11. 在下列的 HTML 标记中，哪个是最大的标题？（   ）。

A）<h6>   B）<h5>   C）<h2>   D）<h1>

12. HTML 代码中，<align="center">表示（   ）。

A）文本加注下标线 B）文本加注上标线   C）文本闪烁   D）文本或图片居中

13. 用于标识一个段落的 HTML 标记是（   ）。

A）和   B）
和</br>   C）<p>和</p>   D）<li>和</li>

14. 关于文本对齐，源代码设置不正确的一项是（   ）。

A）居中对齐：<p align="middle">...</p>   B）居右对齐：<p align="right">...</p>

C）居左对齐：<p align="left">...</p>   D）两端对齐：<p align="justify">...</p>

15. 在 HTML 中，标记<font>的 Size 属性最大取值可以是（   ）。

A）5   B）6   C）7   D）8

16. 在下列的 HTML 中，哪个可以插入图像？（   ）。

A）<img href="image.gif">   B）<image src="image.gif">

C）<img src="image.gif">   D）<img>image.gif</img>

17. 将链接的目标文件载入该链接所在的同框架或窗口中，链接的"目标"属性应设置成（   ）。

A）_blank   B）_parent   C）_self   D）_top

18. 建立超链接时，要在新窗口显示网页，需要加入的标记标签属性为（   ）。

A）target="_blank" B）border="1"   C）name="target"   D）#

19. 包含图像的网页文件，其扩展名应该是（   ）。

A）.JPG   B）.GIF   C）.PIC   D）.HTM 或.HTML

20. 最常用的网页图像格式有（   ）和（   ）。

A）gif，tiff   B）tiff，jpg   C）gif，jpg   D）tiff，png

21. 在网页中，必须使用（   ）标记来完成超级链接。

A）<a>...</a>   B）<p>...</p>   C）<link>...</link> D）<li>...</li>

22. 下列路径中属于绝对路径的是（   ）。

A）address.htm   B）staff/telephone.htm

C）http://www.sohu.com/index.htm   D）/Xuesheng/chengji/mingci.htm

二、判断题

1. 网页文件是用一种标签语言书写的，这种语言称为 HTML（Hyper Text Markup Language，超文本标记语言），制作一个网站就等于制作一个网页。（   ）

2. 网站的首页文件通常是"index.html，index.htm，Default.htm，Default.html"，它必须存放在网站的根目录中。（   ）

3. HTML 标记符是不区分大小写的。（   ）

4. 在 Dreamweaver 设计视图下编辑文本时，使用键盘上的"Enter"键实现文本分段，"Space"键实现插入空格。（   ）

5. 对文本颜色的设置，既可以使用十六进制数指定，也可以使用英文颜色名称来指定。（   ）

6. HTML 中提供设置字号大小的是"<font>"标记，该标记有一个属性"size"，通过指定"size"属性的值就能设置字号大小。（   ）

7. 在 DW 中有"设计""代码"和"拆分"三种视图，在"代码"视图中编辑 HTML 代码时按回车键，将会在"设计"视图中同时产生一个分段。（　　）

8. 如果文本中需要换行，可以使用换行标记
。（　　）

9. <hr />标记可以在网页中生成一条水平分隔线，它不需要结束标记。（　　）

10. 标题标记<h1>~<h6>都有换行的功能。（　　）

11. 对网页中图片的大小，既可以在 HTML 代码中直接指定其宽、高，也可以在图片的属性面板中输入数值指定宽、高。（　　）

12. JPEG 格式能提供良好的损失极少的压缩比，这种格式可以做成透明和多帧的动画。（　　）

实训 2

一、实训目的

1. 练习常用 HTML 标记的使用。

2. 学会使用 HTML 标记创建简单的网站。

二、实训内容

1. 上机实做本章所有例题。

2. 按照课本 2.3 节案例步骤创建简单学校网站。

3. 创建网页文件，显示如图 2-33 所示的网页内容。其中，"忆江南"为一级标题、红色。"唐——白居易"为四级标题、灰色，其他文字采用默认字体和颜色。

图 2-33　实训 3 页面浏览效果

4. 创建一个介绍自己的个人网站。要求如下。

（1）包含一个主页和至少 4 个子页，主页和子页可以相互进行链接。

（2）在主页中创建友情链接，链接到百度和新浪网。

（3）至少有一个页面中，包含无序或有序列表标记。

（4）至少有一个页面中，包含锚点链接。

（5）在每个页面中合理使用文字、图像等。

三、实训总结

拓展阅读 2-1

Chapter 3

第 3 章
CSS 基础

　　使用 HTML 标记和相应属性制作网页存在很大的局限和不足，例如，元素的美化、网页的维护等。为了制作的网站更美观、大方，且易于维护就需要使用 CSS。

　　CSS 是目前较好的网页表现语言，所谓表现就是赋予结构化文档内容显示的样式，包括版式、颜色和大小等。也就是说，页面中显示的内容放在结构里，而修饰、美化放在表现里，做到结构与表现分离。这样当页面使用不同的表现时，页面可以显示不同的外观。因此 Web 标准推荐使用 CSS 来完成表现。本章将对 CSS 的基本语法、使用方式、选择器以及常用的文本样式属性进行详细介绍。

　　本章的学习内容是深入学习 CSS 的基础，学习目标（含素养要点）如下：

- 理解 CSS 语法；
- 掌握 CSS 使用方式；
- 掌握常用的 CSS 的属性；
- 会熟练使用 CSS 常用属性设置文本样式（美学素养）。

3.1　案例：学院新闻详情页面

　　利用 HTML 标记及 CSS 常用文本属性，制作学院新闻详情页面。浏览效果如图 3-1 所示，具体要求如下。

图 3-1　网页浏览效果

（1）正文标题采用二级标题、颜色为黑色、在浏览器中居中显示。

（2）作者等信息采用宋体、大小 12 像素、颜色为灰色（#666）、在浏览器中居中显示。

（3）段落文字采用宋体、大小 16 像素、文字颜色为黑色、行高 25 像素、首行缩进 2 个字符。

（4）图像在浏览器中居中显示。

3.2　知识准备

CSS 功能强大，其样式能实现比 HTML 更多的网页元素样式，几乎能定义所有的网页元素。现在，CSS 已经成为网页设计必不可少的工具之一。

3.2.1　初识 CSS

CSS（Cascading Style Sheet，层叠样式表）是由 W3C 的 CSS 工作组创建和维护的。它是一种不需要编译、可直接由浏览器执行的标记性语言，用于格式化网页的标准格式。它扩展了 HTML 的功能，使网页设计者能够以更有效的方式设置网页格式。

样式就是格式，对于网页来说，像网页显示的文字的大小和颜色、图片位置、段落和列表等，都是网页显示的样式。层叠是指当 HTML 文件引用多个 CSS 样式时，如果 CSS 的定义发生冲突，浏览器将按照 CSS 的样式优先级来应用样式。

CSS 能将样式的定义与 HTML 文件结构分离。对于由几百个网页组成的大型网站来说，要使所有的网页样式风格统一，可以定义一个 CSS 样式表文件，几百个网页都调用这个样式表文件即可。如果要修改网页的样式，只需修改 CSS 样式表文件就可以了。

使用 CSS 设置网页样式，具有如下优点。

（1）语法易学易懂。

（2）丰富的样式效果。

（3）表现与内容分离。

（4）易于维护与改版。

（5）缩减页面代码，提高页面浏览速度。

（6）结构清晰，容易被搜索引擎搜索到。

3.2.2　引入 CSS 样式

要想使用 CSS 样式修饰网页，就需要在 HTML 文档中引入 CSS 样式。引入 CSS 样式常用的有三种方式。

1. 行内式

行内式也称为内联样式，是通过标记的 style 属性设置元素的样式。其基本语法格式如下。

```
<标记 style="属性：属性值；属性：属性值；...">内容</标记名>
```

说明

（1）该格式中 style 是标记的属性，实际上任何 HTML 标记都拥有 style 属性。通过该属性可以设置标记的样式。

（2）属性指的是 CSS 属性，不同于 HTML 标记的属性。属性和值书写时不区分大小写，按照书写习惯一般采用小写的形式。

（3）属性和属性值之间用英文状态下的冒号分隔；多个属性之间必须用英文状态下的分号隔开，最后一个属性值后的分号可以省略。

其中，（2）和（3）对于内嵌式和外部样式表中的书写同样适用。

例 3-1　创建一个网页文档，使用行内式设置网页内容的样式。文件名：3-1.html，代码如下。

```
<!DOCTYPE html PUBLIC "-//W3C//DTD XHTML 1.0 Transitional//EN"
"http://www.w3.org/TR/xhtml1/DTD/xhtml1-transitional.dtd">
<html xmlns="http://www.w3.org/1999/xhtml">
<head>
<meta http-equiv="Content-Type" content="text/html; charset=utf-8" />
<title>行内式</title>
</head>
<body>
<h1 style="text-align:center; color:#003;">山东信息职业技术学院</h1>
</body>
</html>
```

在例 3-1 代码中，使用<h1>标记的 style 属性设置标题文字的样式，使标题文字在浏览器居中显示，文字颜色为深蓝色。其中，"text-align"和"color"都是 CSS 常用的样式属性，在后面的章节中会进行详细介绍。

浏览文件，效果如图 3-2 所示。

图 3-2　行内式的使用

　　　　行内式由于将表现和内容混在一起，不符合 Web 标准，所以很少使用。一般在需要临时修改某个样式规则时使用。

2．内嵌式

内嵌式也叫内部样式表，是将所有 CSS 样式代码写在 HTML 文档的<head>头部标记中，并且用<style>标记定义。其语法格式如下。

```
...
<head>
<style type="text/css">
    选择器1{属性: 属性值; 属性: 属性值; ...}        /* 注释内容 */
    选择器2{属性: 属性值; 属性: 属性值; ...}
    ...
</style>
</head>
...
```

说明

（1）<style>标记一般位于<head>标记中<title>标记之后。

（2）选择器用于指定 CSS 样式作用的 HTML 对象，有标记选择器、类选择器和 ID 选择器等。选择器的详细内容会在本章后面介绍。

（3）/*...*/为 CSS 的注释符号，用于说明该行代码的作用。注释内容不会显示在网页上。

例 3-2　创建一个网页文档，使用嵌入式设置网页内容的样式。文件名：3-2.html，代码如下。

```html
<!DOCTYPE html PUBLIC "-//W3C//DTD XHTML 1.0 Transitional//EN"
"http://www.w3.org/TR/xhtml1/DTD/xhtml1-transitional.dtd">
<html xmlns="http://www.w3.org/1999/xhtml">
<head>
<meta http-equiv="Content-Type" content="text/html; charset=utf-8" />
<title>内嵌式</title>
<style type="text/css">
h1{
    text-align:center;          /*标题文字居中对齐*/
    color:#003;                 /*文字颜色为深蓝色*/
}
p{
    font-size:16px;             /*段落文字大小为 16 像素*/
    color:#333;                 /*段落文字颜色为深灰色*/
}</style>
</head>
<body>
<h1>山东信息职业技术学院</h1>
<p>山东信息职业技术学院是山东省人民政府批准设立、国家教育部备案的公办省属普通高等学校，由山东省经济和信息化委员会、山东省教育厅主管。学院具有 30 多年的办学历史，特别是计算机类、电子信息类专业享誉省内外。学院是国家教育部批办的全国"国家示范性软件职业技术学院"首批建设单位，国家劳动和社会保障部、信息产业部确认的国家首批"电子信息产业高技能人才培养基地"，是"全国信息产业系统先进集体"、"山东省职业教育先进集体"、"山东省德育工作优秀高校"、"山东省文明校园"。</p>
</body>
</html>
```

在例 3-2 代码中，使用内嵌样式设置了<h1>标记和<p>标记的样式。

浏览文件，效果如图 3-3 所示。

注意

内嵌式 CSS 样式只对其所在的 HTML 页面有效。因此，如果只有一个页面时，使用内嵌式。但如果网站有多个页面，则应使用外部样式表。

图 3-3 内嵌式的使用

3．链入外部样式表

链入外部样式表是指将所有的 CSS 样式放入一个以.css 为扩展名的外部样式表文件中,通过<link/>标记将外部样式表文件链接到 HTML 文件中。其语法格式如下。

```
...
<head>
<link href=" 外部样式表文件路径" rel="stylesheet" type="text/css" />
</head>
...
```

（1）<link/>标记一般位于<head>标记中<title>标记之后。

（2）<link/>标记必须指定以下 3 个属性。

① href：定义所链接的外部样式表文件的 URL。

② rel：定义被链接的文件是样式表文件。

③ type：定义所链接文档的类型为 text/css，即 CSS 文档。

例 3-3 将例 3-2 所实现的效果用外部样式表实现。文件名：3-3.html，操作步骤如下。

（1）创建 HTML 文档。输入如下代码。

```
<!DOCTYPE html PUBLIC "-//W3C//DTD XHTML 1.0 Transitional//EN"
"http://www.w3.org/TR/xhtml1/DTD/xhtml1-transitional.dtd">
<html xmlns="http://www.w3.org/1999/xhtml">
<head>
<meta http-equiv="Content-Type" content="text/html; charset=utf-8" />
<title>链接外部样式表</title>
</head>
<body>
<h1>山东信息职业技术学院</h1>
<p>山东信息职业技术学院是山东省人民政府批准设立、国家教育部备案的公办省属普通高等学校,由山东省经济和信息化委员会、山东省教育厅主管。学院具有 30 多年的办学历史,特别是计算机类、电子信息类专业享誉省内外。学院是国家教育部批办的全国"国家示范性软件职业技术学院"首批建设单位,国家劳动和社会保障部、信息产业部确认的国家首批"电子信息产业高技能人才培养基地",是"全国信息产业系统先进集体"、"山东省职业教育先进集体"、"山东省德育工作优秀高校"、"山东省文明校园"。</p>
</body>
</html>
```

（2）创建外部样式表文件。执行"文件"｜"新建"命令，在"新建文档"对话框的"页面类型"选项中选择"CSS"，单击"创建"按钮，如图3-4所示。

（3）在CSS编辑文档窗口中，输入CSS样式表代码，如图3-5所示。保存CSS文件，文件命名为style.css，位置与3-3.html文件相同。该文件中的代码如下。

图3-4 "新建文档"对话框

图3-5 CSS编辑文档窗口

```
h1{
    text-align:center;        /*标题文字居中对齐*/
    color:#003;               /*文字颜色为深蓝色*/
}
p{
    font-size:16px;           /*段落文字大小为16像素*/
    color:#333;               /*段落文字颜色为深灰色*/
}
```

（4）链接CSS外部样式表。在例3-3的<title>标记后，添加<link>语句，代码如下。

```
<link href="style.css" rel="stylesheet" type="text/css" />
```

重新保存3-3.html文档，浏览文件，效果如图3-3所示。

注意

（1）链接外部样式表的最大好处是同一个CSS样式表可以被多个HTML页面链接使用。因此实际网站制作时一般都是用此种方式。该种方式实现了结构与表现的分离，使得网页的前期制作和后期维护都十分方便。

（2）在网页中链接外部样式表时也可以通过CSS样式面板来实现。方法是：在Dreamweaver窗口中，单击CSS样式面板中的"附加样式表按钮" ，出现"链接外部样式表"对话框，如图3-6所示。单击"浏览"按钮，选定要链接的样式表文件，单击"确定"按钮。此时链接样式表文件的代码<link href=.../>会自动出现在网页文件的头部。

若Dreamweaver窗口中没有显示CSS样式面板，可以通过"窗口"｜"CSS样式"命令使之显示。

此外，外部样式表文件还可以以导入式与HTML网页文件发生关联。但导入式会造成不好的用户体验，因此对于网站创建者来说最好采用链接外部样式表来美化网页。

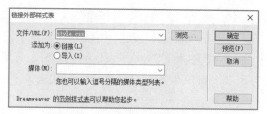

图 3-6 "链接外部样式表"对话框

3.2.3 常用的 CSS 选择器

书写 CSS 样式代码时要用到选择器。选择器用于指定 CSS 样式作用的 HTML 对象。本节将对常用的 CSS 选择器进行详细介绍。

1. 标记选择器

标记选择器是指用 HTML 标记名称作为选择器,为页面中的该类标记指定统一的 CSS 样式。其语法格式如下。

```
标记名称{属性：属性值；属性：属性值；...}
```

说明　　所有的 HTML 标记都可以作为标记选择器,如 body、h1~h6、p、ul、li、strong 等。标记选择器定义的样式能自动应用到网页中的相应元素上。

例如,使用 p 选择器定义 HTML 页面中所有段落的样式。代码如下。

```
p{
    font-size:12px;          /*设置文字大小*/
    color:#666;              /*设置文字颜色*/
    font-family:"微软雅黑";   /*设置字体*/
}
```

有一定基础的 Web 设计人员可以将上述代码改写成如下格式,其作用完全一样。

```
p{font-size:12px;color:#666;font-family:"微软雅黑";}
```

注意　　标记选择器最大的优点是能快速为页面中同类型的标记统一样式,同时这也是它的缺点,不能设计差异化样式。

2. 类选择器

类选择器指定的样式可以被网页上的多个标记元素所选用。类选择器以"."开始,其后跟类名称。其语法格式如下。

```
.类名称{属性：属性值；属性：属性值；...}
```

说明　　(1)使用类选择器定义的 CSS 样式,需要设置元素的 class 属性值为其指定样式。
(2)类选择器的最大优势是可以为元素定义相同或单独的样式。

例 3-4　创建网页,使用类选择器定义网页元素的样式。文件名:3-4.html。代码如下。

```
<!DOCTYPE html PUBLIC "-//W3C//DTD XHTML 1.0 Transitional//EN"
"http://www.w3.org/TR/xhtml1/DTD/xhtml1-transitional.dtd">
```

```html
<html xmlns="http://www.w3.org/1999/xhtml">
<head>
<meta http-equiv="Content-Type" content="text/html; charset=utf-8" />
<title>无标题文档</title>
<style type="text/css">
.text{font-size:16px;color:#666;font-family:"微软雅黑";font-weight:normal;}
</style>
</head>
<body>
<h1>这是一级标题</h1>
<h2 class="text">这是二级标题</h2>
<p class="text">这是段落文本</p>
<p>这是段落文本</p>
<p></p>
</body>
</html>
```

上述代码中，定义了类选择器的样式.text，并对网页内容中的 h2 和 p 标记应用了该样式，使 h2 和 p 标记中的文字大小为 16 像素、颜色为灰色、字体是微软雅黑、文字正常显示。

浏览文件，效果如图 3-7 所示。

图 3-7　使用类选择器

（1）多个标记可以使用同一个类名，使不同的标记指定相同的样式。

（2）类名的第一个字符不能使用数字，并且严格区分大小写，一般采用小写英文字母表示。

3．ID 选择器

ID 选择器用于对某个元素定义单独的样式。ID 选择器以"#"开始。其语法格式如下。

#ID 名称{属性：属性值；属性：属性值；...}

（1）ID 名称即为 HTML 元素的 ID 属性值，ID 名称在一个文档中是唯一的，只对应于页面中的某一个具体元素。

（2）ID 选择器定义的样式能自动应用到网页中的某一个元素上。

（3）ID 选择器常用于 DIV 布局时给页面上的块定义样式时使用。DIV 布局的内容将在后续章节中详细讲解。

例3-5 创建网页，使用ID选择器定义网页元素的样式。文件名：3-5.html。代码如下。

```
<!DOCTYPE html PUBLIC "-//W3C//DTD XHTML 1.0 Transitional//EN"
"http://www.w3.org/TR/xhtml1/DTD/xhtml1-transitional.dtd">
<html xmlns="http://www.w3.org/1999/xhtml">
<head>
<meta http-equiv="Content-Type" content="text/html; charset=utf-8" />
<title>ID选择器</title>
<style type="text/css">
#top{width:800px; height:100px; background-color:#9FF; text-align:
center;}
#nav{width:800px; height:40px; background-color:#F90; text-align:center;}
</style>
</head>
<body>
<div id="top">这是顶部的块</div>
<div id="nav">这是导航块</div>
</body>
</html>
```

在例 3-5 中，在网页中定义了两个块，id 名称分别为 top 和 nav，通过选择器#top 和#nav 分别为其设置了块的宽度、高度、背景颜色和文本对齐方式等样式。

浏览文件，效果如图 3-8 所示。

图3-8 使用ID选择器

4．交集选择器

交集选择器由两个选择器构成，第一个是标记选择器，第二个是类选择器，表示二者各自元素范围的交集。两个选择器之间不能有空格。其语法格式如下。

标记名称.类名称{属性：属性值；属性：属性值；...}

例3-6 创建网页，使用交集选择器定义网页元素的样式。文件名：3-6.html。代码如下。

```
<!DOCTYPE html PUBLIC "-//W3C//DTD XHTML 1.0 Transitional//EN"
"http://www.w3.org/TR/xhtml1/DTD/xhtml1-transitional.dtd">
<html xmlns="http://www.w3.org/1999/xhtml">
<head>
<meta http-equiv="Content-Type" content="text/html; charset=utf-8" />
<title>交集选择器</title>
<style type="text/css">
p{color:red;}
.special{color:green;}
```

```
p.special{font-size:40px;}      /*交集选择器*/
</style>
</head>
<body>
<p>这是段落文本</p>
<h2>这是二级标题</h2>
<p class="special">这是段落文本</p>
<h2 class="special">这是二级标题</h2>
</body>
</html>
```

在例3-6中，定义了p标记的样式，也定义了.special类样式，此外还单独定义了p.special，用于特殊的控制。p.special定义的样式仅仅适用于"<p class="special">这是段落文本</p>"这一行文本，而不会影响使用了.special类样式的h2标记的文本。

浏览文件，效果如图3-9所示。

图3-9 使用交集选择器

交集选择器是为了简化样式表代码的编写而采用的选择器。初学者如果对此选择器不能熟练应用，完全可以创建一个类选择器来代替交集选择器。

5. 并集选择器

并集选择器由各个选择器通过逗号连接而成，任何形式的选择器（标记选择器、类选择器、ID选择器等），都可以作为并集选择器的一部分。如果某些选择器定义的样式完全相同，或部分相同，就可以利用并集选择器为它们定义相同的CSS样式。

例3-7 创建网页，页面中有2个标题和3个段落，设置样式使它们的字号和颜色都相同。文件名：3-7.html。代码如下。

```
<!DOCTYPE html PUBLIC "-//W3C//DTD XHTML 1.0 Transitional//EN"
"http://www.w3.org/TR/xhtml1/DTD/xhtml1-transitional.dtd">
<html xmlns="http://www.w3.org/1999/xhtml">
<head>
<meta http-equiv="Content-Type" content="text/html; charset=utf-8" />
<title>并集选择器</title>
<style type="text/css">
h1,h2,p{font-size:24px; color:blue;}
```

```
</style>
</head>
<body>
<h1>这是一级标题</h1>
<h2>这是二级标题</h2>
<p>这是段落文本</p>
<p>这是段落文本</p>
<p>这是段落文本</p>
</body>
</html>
```

浏览文件，效果如图 3-10 所示。

图 3-10　使用并集选择器

　　　　使用并集选择器定义样式与各个选择器分别定义样式作用相同，但并集选择器的样式代码更简捷。

注意

6. 后代选择器

后代选择器也叫作包含选择器，用于对容器对象中的子对象进行控制，使其他容器对象中的同名子对象不受影响。

书写后代选择器时将容器对象写在前面，子对象写在后面，中间用空格分隔。若容器对象有多层时，则分层依次书写。

例 3-8　创建网页，使用后代选择器控制页面元素的样式。文件名：3-8.html。代码如下。

```
<!DOCTYPE html PUBLIC "-//W3C//DTD XHTML 1.0 Transitional//EN"
"http://www.w3.org/TR/xhtml1/DTD/xhtml1-transitional.dtd">
<html xmlns="http://www.w3.org/1999/xhtml">
<head>
<meta http-equiv="Content-Type" content="text/html; charset=utf-8" />
<title>后代选择器</title>
<style type="text/css">
p strong{font-size:24px; color:red;}    /*后代选择器*/
strong{color:blue;}
</style>
</head>
<body>
<p>这是段落文本。段落文本中包含<strong>红色的文字</strong>。</p>
```

```
<strong>这是其他文本</strong>
</body>
</html>
```

浏览文件，效果如图 3-11 所示。

图 3-11　使用后代选择器

由图 3-11 可以看出，后代选择器"p strong"定义的样式仅适用于嵌套在\<p\>标记中的\<strong\>标记，其他的\<strong\>标记不受影响。

7．通配符选择器

通配符选择器用"*"表示，它是所有选择器中作用范围最广的，能匹配页面中的所有元素。其基本语法格式如下。

```
*{属性：属性值；属性：属性值；...}
```

例如，设置页面中所有元素的外边距和内边距属性的代码如下。

```
*{margin:0; padding:0;}
```

注意　　实际网页开发中不建议使用通配符选择器，因为它设置的样式对所有的 HTML 标记都生效，不管标记是否需要该样式。如果使用，反而会降低代码的执行速度。

3.2.4　CSS 常用文本属性

第 2 章中介绍了 HTML 文本标记及其属性可以控制文本的显示样式，但是这种方式不利于代码的共享和移植，不符合 Web 标准。为此，CSS 提供了相应的文本设置属性。使用 CSS 可以更方便地控制文本样式。

CSS 常用文本属性见表 3-1。

表 3-1　常用文本属性

属　　性	说　　明
font-family	设置字体
font-size	设置字号
font-weight	设置字体的粗细
font-style	设置字体的倾斜
text-decoration	设置文本是否添加下划线、删除线等
color	设置文本颜色
text-align	设置文本的水平对齐方式
text-indent	设置段落的首行缩进
line-height	设置行高

下面分别对表中的每个属性详细介绍。

1. font-family

font-family 属性用于设置字体。网页中常用的字体有宋体、微软雅黑、黑体等。
举例如下。

```
p{ font-family:"微软雅黑";}
```

可以同时指定多个字体，中间以逗号隔开，表示如果浏览器不支持第一个字体，则会尝试下一个，直到找到合适的字体。

举例如下。

```
body{font-family:"华文彩云","宋体","黑体";}
```

当应用上面的字体样式时，会首选华文彩云，如果用户电脑上没有安装该字体则选择宋体，如没有安装宋体则选择黑体。当指定的字体都没有安装时，就会使用浏览器默认字体。

（1）各种字体之间必须使用英文状态下的逗号隔开。

（2）中文字体需要加英文状态下的引号，英文字体一般不需要加引号。当需要设置英文字体时，英文字体名必须位于中文字体名之前。

（3）如果字体名中包含空格、#、$等符号，则该字体必须加英文状态下的单引号或双引号，举例如下。

```
p{font-family: "Times New Roman";}
```

（4）尽量使用系统默认字体，以保证在任何用户的浏览器中都能正确显示。

2. font-size

font-size 属性用于设置字号，一般用像素（px）为单位表示字号大小。
举例如下。

```
p{font-size:12px;}
```

最适合于网页正文显示的字号大小为一般为 12 像素左右。对于标题或其他需要强调的地方可以适当设置较大的字号。页脚和辅助信息可以用小一些的字号。

3. font-weight

font-weight 属性用于定义字体的粗细。常用的属性值为 normal 和 bold，用来表示正常或加粗显示的字体。

举例如下。

```
p{font-weight:bold;}        /*设置段落文本为粗体显示*/
h2{font-weight:normal;}   /*设置标题文本为正常显示*/
```

4. font-style

font-style 属性用于定义字体风格，如设置斜体、倾斜或正常字体，其可用属性值如下。

（1）normal：默认值，浏览器会显示标准的字体样式。

（2）italic：浏览器会显示斜体的字体样式。

（3）oblique：浏览器会显示倾斜的字体样式。

举例如下。

```
p{font-style:italic;}      /*设置段落文本为斜体显示*/
h2{font-style:oblique;}  /*设置标题文本为倾斜显示*/
```

注意

　　　italic 和 oblique 都是向右倾斜的文字，但区别在于 italic 是指斜体字，而 oblique 是倾斜的文字，对于没有斜体的字体应该使用 oblique 属性值来实现倾斜的文字效果。

5. text-decoration

text-decoration 属性用于设置文本的下划线、上划线、删除线等装饰效果，其可用属性值如下。

（1）none：没有装饰（正常文本默认值）。

（2）underline：下划线。

（3）overline：上划线。

（4）line-through：删除线。

举例如下。

```
a{text-decoration:none;}      /*设置超链接文字不显示下划线*/
a:hover{ text-decoration:underline;}      /*设置鼠标悬停在超链接文字上时显示下划线*/
```

6. color

color 属性用于定义文本的颜色，其取值方式有如下 3 种。

（1）预定义的颜色值：black、olive、teal、red、green、blue、maroon、navy、gray、lime、fuchsia、white、purple 、silver、yellow、aqua 等。

（2）十六进制数：例如，#FF0000，#FF6600，#29D794 等。实际工作中，十六进制是最常用的定义颜色的方式。如果每组十六进制数的两位数相同，则可以每组用一位数表示。例如，#FF0000 可以表示为#F00。

（3）RGB 代码：例如，红色可以表示为rgb(255,0,0)或 rgb(100%,0%,0%)。

例如，下面的三行代码都设置标题颜色为红色。

```
h1{color:#f00;}
h2{color:red;}
h3{color:rgb(255,0,0);}
```

7. text-align

text-align 属性用于设置文本内容的水平对齐，相当于 html 中的 align 对齐属性。其可用属性值如下。

（1）left：左对齐（默认值）。

（2）right：右对齐。

（3）center：居中对齐。

（4）justify：两端对齐。

举例如下。

```
h1{text-align:center;}
```

8. text-indent

text-indent 属性用于设置首行文本的缩进，其属性值可为不同单位的数值。一般建议使用 em（1em 等于 1 个中文字符）作为设置单位。

举例如下。

```
p{text-indent:2em;}          /*设置段落缩进 2 个中文字符*/
```

9．line-height

段落中两行文字之间的垂直距离称为行高。在 HTML 中是无法控制行高的，在 CSS 样式中，使用 line-height 属性控制行与行之间的垂直间距，属性值一般以像素为单位。

举例如下。

```
p{ line-height:25px;}        /*设置行高为 25 像素*/
```

3.2.5 CSS 的高级特性

CSS 的高级特性是指 CSS 的层叠性、继承性和优先级等。对于网页设计师来说，应深刻理解这些特性。

1．层叠性

所谓层叠性是指多种 CSS 样式的叠加。例如，当使用内嵌式 CSS 样式定义\<p\>标记字号大小为 12 像素，外部样式表定义\<p\>标记颜色为红色，那么段落文本将显示为 12 像素红色，即这两种样式产生了叠加。

2．继承性

所谓继承性是指书写 CSS 样式表时，子标记会继承父标记的某些样式，如文本颜色和字号等。例如，定义页面主体标记 body 的文本颜色为黑色，那么页面中所有的文本都将显示为黑色，这是因为其他标记都是 body 标记的子标记。

恰当地使用继承可以简化代码，降低 CSS 样式的复杂性。但是，如果网页中的元素大量继承样式，那么判断样式的来源就会很困难，所以对于字体、文本属性等网页中通用的样式可以使用继承。例如，字体、字号和颜色等可以在 body 元素中统一设置，然后通过继承影响文档中所有的文本。

当为 body 元素设置字号属性时，标题文本不会采用这个样式。因为标题标记 h1~h6 有默认的字号样式。

3．CSS 优先级

定义 CSS 样式时，经常出现两个或更多规则应用在同一元素上，这时就会出现优先级问题。根据规定，样式表的优先级别从高到低为：行内样式、嵌入式和外部样式表。也就是最接近目标元素的样式优先级越高，即就近原则。

3.3 案例实现

本案例实际上是在第 2 章的案例学校简单网站站点中再添加一个学院新闻详情页面。本节在前面学习 CSS 内容的基础上，综合使用 CSS 样式属性实现学院新闻详情页面。

3.3.1 创建站点

将第 2 章中的案例站点文件夹 schoolSite 复制一份放入文件夹 chapter03 中，将素材图像放入 schoolSite 站点的 images 文件夹中。

（1）执行"站点"｜"新建站点"命令，重新创建站点，输入站点名称，选择站点存放位置，如图3-12所示。

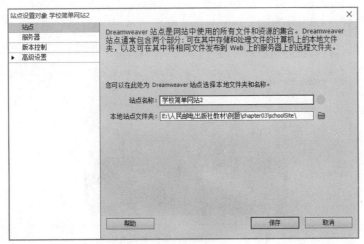

图 3-12　创建站点

（2）单击图3-12中的"保存"按钮，在 Dreamweaver CS6 的文件面板中可查看到刚刚建立的站点信息，该站点中包括了以前创建的各个文件，如图3-13所示。

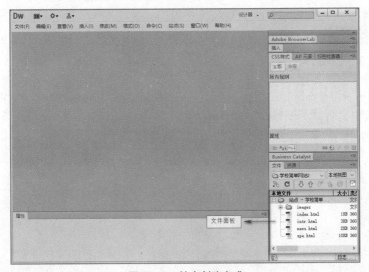

图 3-13　站点创建完成

注意

第（2）步新建的站点中，包括了里面已经有的文件，所以文件面板中有图像文件夹和其他网页文件等内容。

3.3.2　创建新闻详情页面

1．页面分析

分析学院新闻详情页面效果图3-14，该页面中主要有标题、段落文字和图片组成。标题文字可以使用标记<h2>，作者信息可以使用标记<h3>，标题文字样式使用 CSS 属性设置。段落文字使用标记<p>，图像放入段落标记中。段落和图像的样式都使用 CSS 属性设置。

图 3-14　学院新闻详情页面浏览效果

2．创建新闻详情页面

在 Dreamweaver 文件面板中,右键单击站点名称，选择"新建文件"，添加网页文件，文件名称改为 new1.html。双击文件 new1.html，打开该文件，添加代码如下。

```
<!DOCTYPE html PUBLIC "-//W3C//DTD XHTML 1.0 Transitional//EN"
"http://www.w3.org/TR/xhtml1/DTD/xhtml1-transitional.dtd">
<html xmlns="http://www.w3.org/1999/xhtml">
<head>
<meta http-equiv="Content-Type" content="text/html; charset=utf-8" />
<title>我院组织召开辅导员工作座谈会</title>
<style type="text/css">
h2{
    text-align:center;  /*标题文字居中对齐*/
}
h3{
    text-align:center;  /*标题文字居中对齐*/
    font-family:"宋体"; /*设置字体*/
    font-size:12px;     /*设置文字大小*/
    color:#666;         /*设置文字颜色*/
    font-weight:normal;
}
.text{
    font-size:16px;   /*设置文字大小*/
    text-indent:2em;  /*设置首行缩进*/
    line-height:25px; /*设置行高*/
}
.image1{
```

```
        text-align:center;  /*使图像居中对齐*/
    }
    </style>
    </head>
    <body>
    <h2>我院组织召开辅导员工作座谈会</h2>
    <h3>作者：学生工作处　点击数：678　发布日期：2016-1-11 15:46:08</h3>
    <p class="text">为进一步了解辅导员工作情况，加强辅导员队伍建设，推进我院团学工作水平，
学生工作处团委于 1 月 8 日下午在办公楼五楼西会议室组织召开辅导员工作座谈会。院党委副书记刘桂
玉出席会议并发表讲话，学院工会主席、滨海校区管委会主任张全栋出席会议，各系部党总支书记，分管
学生管理副主任，滨海校区相关负责人，学生工作处相关负责人及全体辅导员参加座谈会。座谈会由院团
委书记所建国主持。</p>
    <p class="text">座谈会上，11 名辅导员结合工作实际，详细介绍了自身在学生管理及班级管
理工作中的情况和心得体会，并就进一步加强学生教育管理服务工作，提升工作水平提出个人的意见和建
议。</p>
    <p class="image1"><img src="images/zuotanhui.jpg" alt="座谈会" width="500"
height="285"  /></p>
    </body>
    </html>
```

浏览文件，效果如图 3-14 所示。

（1）上述代码中，h2 和 h3 的标记标记样式可以自动应用到网页中；定义
的.text 和.image1 的类样式，需要在要引用的段落中使用 class 来设置属性来应
用。

（2）页面中如果有图像，为了使其在网页中居中显示，一般是把图像放入
段落中，使段落居中显示即可。

至此，网站中已经有五个页面。最后，在 Dreamweaver 的文件面板中，双击打开 news.html
页面，修改该页面的代码，添加一个新的列表项 "我院组织召开辅导员工作座谈会" 作为列
表的第一项，并将该项内容超级链接到学院新闻详情页面。浏览各个页面，检验各个链接是
否正常。

本章小结

本章介绍了 CSS 在网页中的引用方式、CSS 选择器的类型、CSS 常用的属性，以及 CSS
的层叠性、继承性及优先级等内容。最后综合利用 HTML 标记及 CSS 常用属性完成学院新闻
详情页面的实现。

通过本章的学习，读者可以掌握 CSS 在网页中的使用方法，学会灵活使用 CSS 最常用的
属性。

习题 3

一、选择题

1. 哪一项为所有的<h1>元素添加背景颜色？（　　　）

A）h1.all {background-color:#FFFFFF}　　　B）h1 {background-color:#FFFFFF}

C）all.h1 {background-color:#FFFFFF}　　　D）h1.{background-color:#FFFFFF}

2. 链接式样式表的最大优势在于（　　　）。

A）CSS 代码与 HTML 代码完全分离　　　B）CSS 写在<head>与</head>之间

C）直接对 HTML 的标签使用 style 属性　　D）采用 import 方式导入样式表

3. 下面不属于 CSS 插入形式的是（　　　）。

A）索引式　　　　B）内联式　　　　C）嵌入式　　　　D）外部式

4. 在 HTML 文档中，引用外部样式表的正确位置是（　　　）。

A）文档的末尾　　　B）文档的顶部　　　C）<body>部分　　　D）<head>部分

5. 下列哪个选项的 CSS 语法是正确的？（　　　）

A）body:color=black　　　　　　　　B）{body:color=black(body)

C）body {color: black}　　　　　　　D）{body;color:black}

6. 哪个 CSS 属性可控制文本的尺寸？（　　　）

A）font-size　　　B）text-style　　　C）font-style　　　D）text-size

7. 在以下的 CSS 中，可使所有<p>元素变为粗体的正确语法是（　　　）。

A）<p style="font-size:bold">　　　　　B）<p style="text-size:bold">

C）p {font-weight:bold}　　　　　　　D）p {text-size:bold}

8. 哪一项改变元素的字体？（　　　）

A）font=　　　　B）f:　　　　C）font-family:　　　　D）font

9. 哪一项使文本变为粗体？（　　　）

A）font:b　　　B）font-weight:bold　　　C）style:bold　　　D）b

10. 下面说法错误的是（　　　）。

A）CSS 样式表可以将格式和结构分离

B）CSS 样式表可以控制页面的布局

C）CSS 样式表可以使许多网页同时更新

D）CSS 样式表不能制作体积更小下载更快的网页

11. 在以下的 HTML 中，哪项是正确引用外部样式表的方法？（　　　）

A）<style src="mystyle.css">

B）<link rel="stylesheet" type="text/css" href="mystyle.css">

C）<stylesheet>mystyle.css</stylesheet>

D）Colorful Style Sheets

12. 若要在当前网页中定义一个独立类的样式 myText，使具有该类样式的正文字体为"Arial"，字体大小为 9pt，行间距为 13.5pt，以下定义方法中，正确的是（　　　）。

A）<Style>.myText{Font-Familiy:Arial;Font-size:9pt;Line-Height:13.5pt}</style>

B）.myText{Font-Familiy:Arial;Font-size:9pt;Line-Height:13.5pt}

C）.myText{FontName:Arial;FontSize:9pt;LineHeight:13.5pt}</style>

D）<Style>. .myText{FontName:Arial;Font-ize:9pt;Line-eight:13.5pt}</style>

13. 当新建 CSS 样式时默认的样式名称是 unnamed1，而且在样式名称前有一个 "."，这个 "." 表示（   ）。

A）此样式是一个类样式（class）

B）此样式是一个序列样式（ID）

C）在一个 HTML 文件，只能被调用一次

D）一个 HTML 元素中只能被调用二次

14. 不属于 CSS 选择器的是（   ）。

A）对象选择符   B）超文本标记选择符 C）ID 选择符   D）类选择符

15. CSS 的中文译名为（   ）。

A）样式表   B）样式表标签语言   C）瀑布样式表   D）层叠样式表

16. 若要在网页中插入样式表 main.css，以下用法中，正确的是（   ）。

A）<Link href="main.css" type=text/css rel=stylesheet>

B）<Link Src="main.css" type=text/css rel=stylesheet>

C）<Link href="main.css" type=text/css>

D）<Include href="main.css" type=text/css rel=stylesheet>

二、简述题

1. 什么是 CSS? 使用 CSS 定义网页的风格有什么好处?

2. 将 CSS 添加到 HTML 常用方法有哪几种?

3. 常用的 CSS 选择器有哪几种?

实训 3

一、实训目的

1. 练习 CSS 样式定义和使用方法。

2. 掌握 CSS 的常用属性的使用。

二、实训内容

1. 上机实做本章所有例题。

2. 按照课本 3.3 节案例步骤在简单学院网站中添加学院新闻详情页面。

3. 继续修改简单学校网站，将第 2 章案例中创建的所有页面的样式都通过 CSS 样式实现。参考步骤如下。

（1）修改首页。

① 页面分析。

分析首页效果图 3-15，该页面中有标题和超链接的文字以及图片等。标题文字可以使用标题标记<h2>，标题文字颜色不能再使用<font>标记，而代替以 CSS 属性设置实现。带有超链接的文字可以使用段落标记<p>，换行使用
标记。图像可以使用<img />标记。若要使文字和图像居中，可以将它们放入一个段落中，设置 CSS 属性，使段落居中对齐。

② 修改首页代码。

在 Dreamweaver 文件面板中双击文件 index.html，打开该文件，修改代码如下。

图 3-15　首页浏览效果

```
<!DOCTYPE html PUBLIC "-//W3C//DTD XHTML 1.0 Transitional//EN"
"http://www.w3.org/TR/xhtml1/DTD/xhtml1-transitional.dtd">
<html xmlns="http://www.w3.org/1999/xhtml">
<head>
<meta http-equiv="Content-Type" content="text/html; charset=utf-8" />
<title>山东信息职业技术学院</title>
<style type="text/css">
body{        /*设置网页中除标题外的文字大小和颜色*/
    font-size:14px;
    color:#333;
}
h2{          /*设置标题的文字颜色和对齐方式*/
    color:#F00;
    text-align:center;
}
.text1{      /*创建类的样式,应用于段落中*/
    text-align:center;
}
</style>
</head>
<body>
<h2>欢迎来到山东信息职业技术学院</h2>
<hr />
<p class="text1"><a href="intr.html">学院简介</a><br />
<a href="news.html">学院新闻</a><br />
<a href="spe.html">专业介绍</a><br />
```

```
<a href="#">招生就业</a><br /><br />
<a href="images/school1.jpg"><img src="images/school1.jpg" width="400"
height="300"/></a>
</p>
<hr />
<p>友情链接: <a href="http://www.baidu.com">百度</a>    
<a href="http://www.sina.com">新浪</a>
</p>
</body>
</html>
```

（2）修改学院简介页面。

① 页面分析。

分析学院简介页面效果图 3-16，该页面中主要有标题和段落文字以及图片等。标题文字依然使用标题标记<h2>，标题文字颜色使用 CSS 属性设置。"返回"超链接，使用标记<a>返回到首页。段落文字使用标记<p>。图像使用<img />标记。空格使用特殊字符 。若要使图像与文字环绕，需要为图像创建类样式，设置 float 属性。

图 3-16 学院简介页面浏览效果

② 修改学院简介页面代码。

在 Dreamweaver 文件面板中双击文件 intr.html，打开该文件，修改代码如下。

```
<!DOCTYPE html PUBLIC "-//W3C//DTD XHTML 1.0 Transitional//EN"
"http://www.w3.org/TR/xhtml1/DTD/xhtml1-transitional.dtd">
<html xmlns="http://www.w3.org/1999/xhtml">
<head>
<meta http-equiv="Content-Type" content="text/html; charset=utf-8" />
<title>学院简介</title>
<style type="text/css">
body{    /*设置网页中除标题外的文字大小和颜色*/
    font-size:14px;
```

```
        color:#333;
    }
    h2{    /*设置标题的文字颜色和对齐方式*/
        color:#f00;
        text-align:center;
    }
    .image1{ /*创建类的样式，设置图像的大小、左浮动以及外边距*/
        width:300px;
        height:200px;
        float:left;
        margin:20px;
    }
    .image2{    /*创建类的样式，设置图像的大小、右浮动以及外边距*/
        width:300px;
        height:200px;
        float:right;
        margin:20px;
    }
    p{    /*设置段落缩进和行高*/
        text-indent:2em;
        line-height:25px;
    }
    </style>
    </head>
    <body>
    <h2>山东信息职业技术学院简介</h2>
    <hr />
    <p><a href="index.html">返回</a></p>
    <img src="images/school2.jpg"  class="image1" />
```

    山东信息职业技术学院是山东省人民政府批准设立、国家教育部备案的公办省属普通高等学校，由山东省经济和信息化委员会、山东省教育厅主管。学院具有 30 多年的办学历史，特别是计算机类、电子信息类专业享誉省内外。学院是国家教育部批办的全国"国家示范性软件职业技术学院"首批建设单位，国家劳动和社会保障部、信息产业部确认的国家首批"电子信息产业高技能人才培养基地"，是"全国信息产业系统先进集体"、"山东省职业教育先进集体"、"山东省德育工作优秀高校"、"山东省文明校园"。

```
    <img src="images/school3.jpg"  class="image2"/>
```

    学院坚持"以服务为宗旨，以就业为导向"的职业教育办学方针，紧密结合国家大力发展电子信息产业、信息化与工业化相融合战略，积极参与山东电子信息产业大发展和山东半岛蓝色经济区建设，充分发挥专业优势，形成了布局合理、特色鲜明、优势明显，适应我省经济社会发展和岗位需求的专业群。目前，开设了计算机类、软件类、电子信息类、机电类、财经类、文秘类、商管类、艺术类等八大类别 37 个专业，在校生一万余人。

    学院以培养学生的职业能力为主线，以培养创新实践能力为重点，以实训基地建设为依托，以科研和技术服务为支撑，突出教学实践环节，推进校企合作，实施"工学交替"、"顶岗实习"教育模式，开展"订单式"教育，着重培养生产、管理、建设、服务一线需要的应用型高技能人才。学院实施"多证书"工程，学生在取得毕业证书的同时，还可以获得多种高层次职业资格证书，毕业生以"综合素质高、实践能力强、适应岗位快"而受到用人单位的广泛好评。2007 年毕业生就业率位居全省同类院校首位，2008 年、2009 年毕业生就业率继续保持全省同类院校前列。</p>

```
  </body>
  </html>
```

（3）修改学院新闻页面。

① 页面分析。

分析学院新闻页面效果图 3-17，该页面中主要有标题和列表文字组成。标题文字依然使用标题标记<h2>，标题文字颜色使用 CSS 属性设置。"返回"超链接，使用标记<a>返回到首页。列表文字使用标记<ul>，通过 CSS 属性设置列表项的行高。

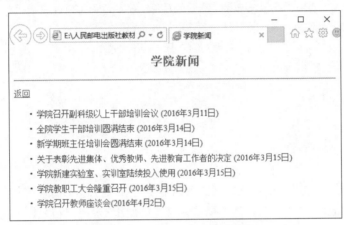

图 3-17　学院新闻页面浏览效果

② 修改学院新闻页面代码。

在 Dreamweaver 文件面板中双击文件 news.html，打开该文件，修改代码如下。

```
<!DOCTYPE html PUBLIC "-//W3C//DTD XHTML 1.0 Transitional//EN"
"http://www.w3.org/TR/xhtml1/DTD/xhtml1-transitional.dtd">
<html xmlns="http://www.w3.org/1999/xhtml">
<head>
<meta http-equiv="Content-Type" content="text/html; charset=utf-8" />
<title>学院新闻</title>
<style type="text/css">
body{
font-size:14px;
color:#333;
}
h2{
color:#f00;
text-align:center;
}
```

```
li{
line-height:25px; /*设置列表项的行高*/
}
</style>
<body>
<h2>学院新闻</h2>
<hr />
<p><a href="index.html">返回</a></p>
<ul>
  <li>学院召开副科级以上干部培训会议 (2016年3月11日)</li>
  <li>全院学生干部培训圆满结束 (2016年3月14日)</li>
  <li>新学期班主任培训会圆满结束 (2016年3月14日) </li>
  <li>关于表彰先进集体、优秀教师、先进教育工作者的决定 (2016年3月15日)</li>
  <li>学院新建实验室、实训室陆续投入使用 (2016年3月15日) </li>
  <li>学院教职工大会隆重召开 (2016年3月15日)</li>
  <li>学院召开教师座谈会(2016年4月2日)</li>
 </ul>
</body>
</html>
```

（4）修改专业介绍页面。

① 页面分析。

分析专业介绍页面效果图3-18，该页面中主要有各级标题和段落文字组成。标题文字可以分别使用标记<h2>、<h3>和<h4>，标题文字颜色使用CSS属性设置。"返回"超链接，使用标记<a>返回到首页。段落文字使用标记<p>，需要强调的文字使用标记<strong>。

图3-18 专业介绍页面浏览效果

② 修改专业介绍页面。

在 Dreamweaver 文件面板中双击文件 spe.html，打开该文件，修改代码如下。

```
<!DOCTYPE html PUBLIC "-//W3C//DTD XHTML 1.0 Transitional//EN"
"http://www.w3.org/TR/xhtml1/DTD/xhtml1-transitional.dtd">
```

```
<html xmlns="http://www.w3.org/1999/xhtml">
<head>
<meta http-equiv="Content-Type" content="text/html; charset=utf-8" />
<title>专业介绍</title>
<style type="text/css">
body{
    font-size:14px;
    color:#333;
}
h2{
    color:#f00;
    text-align:center;
}
h3{
    text-align:center;
}
</style>
</head>
<body>
<h2><a name="top">山东信息职业技术学院专业介绍</a></h2>
<hr />
<p><a href="index.html">返回</a>    <a href="#bottom">
到页尾</a></p>
<h3>计算机系</h3>
<h4>计算机应用技术专业</h4>
<p>计算机应用技术专业为我院办学之初开设专业之一,教学经验丰富,师资力量雄厚,教学设施齐
备。本专业优化人才培养方案,专注于培养能从事网页设计、网站开发、计算机应用系统分析、数据库设
计、软件编程、软件测试以及网络管理与维护工作的高端技术技能型人才。本专业与省内外 20 余家 IT
企业签订合作办学协议,实行工学交替、顶岗实习的职业能力培养模式。本专业招生对象为参加高考的普
通高中毕业生和中职毕业生。</p>
<p><strong>专业优势: </strong>
学院具有近 30 年的计算机、电子信息技术类专业办学历史。...</p>
...
<p><a href="#top">到页头</a></p>
<a name="bottom"></a>
</body>
</html>
```

4. 修改第 2 章实训中创建的个人网站,使用 CSS 样式设置网页外观。

三、实训总结

拓展阅读 3-1

拓展阅读 3-2

Chapter 4

第 4 章
盒子模型

盒子模型是 CSS 网页布局的一个很关键的概念。只有掌握了盒子模型的各种规律和特征，才可以更好地控制网页中各个元素所呈现的效果。本章将对盒子模型的概念、盒子相关属性及元素的类型和转换进行详细讲解。

本章的内容是学习网页布局的基础，学习目标（含素养要点）如下：

● 理解盒子模型的概念；

● 掌握盒子的相关属性（职业素养）；

● 了解元素的类型与转换。

4.1 案例：学院简介页面

制作学院简介页面。将学院简介内容放入定义的盒子中，并设置盒子模型的相关属性。浏览效果如图 4-1 所示。要求如下。

（1）页面背景为祥云图案（bodybg.jpg）。

（2）盒子的宽度为 720 像素，高度自动适应文字内容，边框为 1 像素、蓝色、实线。

（3）正文标题采用二级标题，标题行高度为 30 像素，文字颜色为黑色，在浏览器中居中显示。

（4）段落文字采用宋体，大小 14 像素，文字颜色为黑色，行高 25 像素，首行缩进 2 个字符，段落的下外边距为 20 像素。

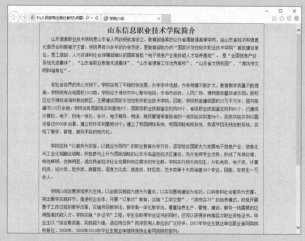

图 4-1　学院介绍页面浏览效果

4.2　知识准备

4.2.1　盒子模型的概念

所谓盒子模型就是把 HTML 页面中的元素看作一个矩形的盒子，也就是一个盛装内容的容器。每个矩形都由元素的内容（content）、内边距（padding）、边框（border）和外边距（margin）组成。

下面通过一个具体实例认识到底什么是盒子模型。

例 4-1　认识盒子模型。创建一个网页，定义一个盒子，并设置盒子的相关属性。文件名：4-1.html，代码如下。

```
<!DOCTYPE html PUBLIC "-//W3C//DTD XHTML 1.0 Transitional//EN"
"http://www.w3.org/TR/xhtml1/DTD/xhtml1-transitional.dtd">
<html xmlns="http://www.w3.org/1999/xhtml">
<head>
<meta http-equiv="Content-Type" content="text/html; charset=utf-8" />
<title>认识盒子模型</title>
<style type="text/css">
#box{
    width:200px; /*盒子的宽度*/
    height:200px;  /*盒子的高度*/
    border:5px solid red; /*盒子的边框为 5 像素、实线边框、红色*/
    background:#ccc;  /*盒子的背景色为灰色*/
    padding:20px;  /*盒子的内边距*/
    margin:30px;   /*盒子的外边距*/
}
</style>
</head>
<body>
<div id="box">盒子中的内容</div>
</body>
</html>
```

例 4-1 中，在 body 标记中使用 div 标记定义了一个盒子"box"，并对"box"设置了若干属性。盒子模型的构成如图 4-2 所示。

说明

　　div 是英文 division 的缩写，意为"分割、区域"。div 标记就是一个区块容器标记，简称块标记，块通称为盒子。块标记可以容纳段落、标题、表格、图像等各种网页元素。div 标记中还可以包含多层 div 标记。实际上 DIV+CSS 布局就是将网页内容放入若干 div 标记中，并使用 CSS 设置这些块的属性。

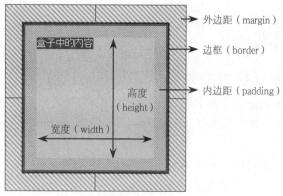

图 4-2 盒子模型的构成

盒子里面内容占的宽度为 width 属性值；盒子里面内容占的高度为 height 属性值；盒子里面内容到边框之间的距离为内边距，即 padding 属性值；盒子的边框为 border 属性；盒子边框外和其他盒子之间的距离为外边距，即 margin 属性值。

由前面看出，盒子的概念是非常容易理解的。但是如果需要精确地排版，那么 1 像素都不能差，这就需要非常精确地理解其中的计算方法。

一个盒子实际所占有的宽度（或高度）是由"内容+内边距+边框+外边距"组成的。因此，例 4-1 中定义的盒子 box 的实际宽度和高度均是 310 像素。

注意

（1）并不仅仅是用 div 定义的块才是一个盒子，事实上所有的网页元素本质上都是以盒子的形式存在的。例如，body、p、h1~h6、ul、li 等元素都是盒子，这些元素都有默认的盒子属性值。

（2）给盒子添加背景色或背景图像时，该元素的背景色或背景图像也将出现在内边距中。

（3）虽然每个盒子模型拥有内边距、边框、外边距、宽和高这些基本属性，但是并不要求每个元素都必须定义这些属性。

4.2.2 盒子模型的相关属性

1. 边框（border）属性

边框（border）属性设置方式如下。

（1）border-top: 上边框宽度 样式 颜色。

（2）border-right: 右边框宽度 样式 颜色。

（3）border-bottom: 下边框宽度 样式 颜色。

（4）border-left: 左边框宽度 样式 颜色。

若四个边框具有相同的宽度、样式和颜色，则可以一次性设置如下。

border: 边框宽度 样式 颜色。

例如，将盒子 box 的下边框设置为 2 像素、实线、红色，则可以用如下代码。

```
#box{border-bottom:2px solid #f00;}
```

若将盒子 box 的四个边框均设置为 2 像素、实线、红色，则可以用如下代码。

```
#box {border:2px solid #f00;}
```

2．内边距（padding）属性

内边距用于设置盒子中内容与边框之间的距离，也常常称为内填充。其设置方式类似于边框（border）属性的设置，如下所示。

（1）padding-top: 上内边距大小。

（2）padding-right: 右内边距大小。

（3）padding-bottom: 下内边距大小。

（4）padding-left: 左内边距大小。

若四个内边距具有相同的大小，则可以一次性设置如下。

padding: 内边距大小。

例如，将盒子 box 的上、右、下、左四个内边距分别设置为 10、20、30、40 像素，则可以用如下代码。

```
#box{
padding-top:10px;
padding-right:20px;
padding-bottom:30px;
padding-left:40px;
}
```

也可以简写成：

```
#box{padding:10px 20px 30px 40px;}
```

若写成：

```
#box{padding:10px 20px 30px;} /*表示上内边距 10px，左、右内边距 20px，下内边距
30px */
```

若写成：

```
#box{padding:10px 20px;} /*表示上、下内边距均为10px，左、右内边距均为20px */
```

若写成：

```
#box{padding:10px;} /*表示上、右、下、左四个内边距均为10px */
```

3．外边距（margin）属性

网页是由多个盒子排列而成的，要想拉开盒子与盒子之间的距离，合理地布局网页，就需要为盒子设置外边距。外边距用于设置盒子与其他盒子之间的距离。其设置方式类似于内边距（paddding）属性的设置，如下所示。

（1）margin-top: 上外边距大小。

（2）margin-right: 右外边距大小。

（3）margin-bottom: 下外边距大小。

（4）margin-left: 左外边距大小。

若四个外边距具有相同的大小，则可以一次性设置如下。

margin: 外边距大小。

例如，将盒子 box 的上、右、下、左四个外边距分别设置为 10、20、30、40 像素，则可以用如下代码。

```
#box{
margin-top:10px;
margin-right:20px;
```

```
    margin-bottom:30px;
    margin-left:40px;
    }
```

也可以简写成：

```
#box{ margin:10px 20px 30px 40px;}
```

若写成：

```
#box{ margin:10px 20px 30px;}   /*表示上外边距 10px，左、右外边距 20px，下外边距
30px */
```

若写成：

```
#box{ margin:10px 20px;}   /*表示上、下外边距均为 10px，左、右外边距均为 20px */
```

若写成：

```
#box{ margin:10px;}   /*表示上、右、下、左四个外边距均为 10px */
```

若写成：

```
#box{ margin:0 auto;}   /*表示上、下外边距为 0px，左、右外边距为自动均匀分布，盒子在
浏览器居中显示 */
```

4.2.3 CSS 设置背景

网页能通过背景颜色或背景图像给人留下第一印象，如节日题材的网站一般采用喜庆祥
和的图片来突出效果。所以在网页设计中，控制背景颜色和图像是一个很重要的步骤。

1．设置背景颜色

设置背景颜色的格式如下。

```
background-color: #RRGGBB 或#rgb(r,g,b)或预定义的颜色值
```

例 4-2　创建网页，分别设置网页的背景颜色和标题行的背景颜色。文件名：4-2.html，
代码如下。

```
<"http://www.w3.org/TR/xhtml1/DTD/xhtml1-transitional.dtd">
<html xmlns="http://www.w3.org/1999/xhtml">
<head>
<meta http-equiv="Content-Type" content="text/html; charset=utf-8" />
<title>设置背景颜色</title>
<style type="text/css">
body{
    background-color:#CCC;   /*设置网页的背景颜色*/
}
h2{
    text-align:center;
    background-color:#009;   /*设置标题行的背景颜色*/
    color:#FFF;
}
</style>
</head>
<body>
<div id="box">
```

```
<h2>山东信息职业技术学院简介</h2>
    <p>山东信息职业技术学院是山东省人民政府批准设立、教育部备案的公办省属普通高等学校，由山
东省经济和信息化委员会和教育厅主管。学院具有 30 多年的办学历史，是教育部批办的"国家示范性软
件职业技术学院"首批建设单位，是工信部、人力资源和社会保障部确认的国家首批"电子信息产业高技
能人才培养基地"，是"全国信息产业系统先进集体"、"山东省职业教育先进集体"、"山东省德育工作优
秀高校"、"山东省文明校园"、"潍坊市文明和谐单位"。</p>
    </div>
    </body>
    </html>
```

浏览网页，效果如图 4-3 所示。

图 4-3　设置背景颜色

2．设置背景图像

设置背景图像的格式如下。

background-image: URL（图像来源）

例 4-3　修改 4-2 的代码，设置网页的背景图像。将文件另存为：4-3.html，修改 body
的 CSS 代码如下。

```
body{
    background-image:url(images/bodybg.jpg); /*设置网页的背景图像为祥云图案*/
}
```

浏览网页，效果如图 4-4 所示。

图 4-4　设置背景图像

默认情况下，背景图像在元素的左上角，并自动沿着水平和竖直两个方向平铺，充满整
个网页。

3．综合设置背景

综合设置背景的格式如下。

background: 背景色　url("图像")　平铺　定位

说明 background 可以设置背景色，也可以设置背景图像，并可以设置图像的平铺方式或图像的位置。

例 4-4　继续修改例 4-3，设置网页中标题的背景色和网页的背景图像。将文件另存为 4-4.html。代码如下。

```
<!DOCTYPE html PUBLIC "-//W3C//DTD XHTML 1.0 Transitional//EN"
"http://www.w3.org/TR/xhtml1/DTD/xhtml1-transitional.dtd">
<html xmlns="http://www.w3.org/1999/xhtml">
<head>
<meta http-equiv="Content-Type" content="text/html; charset=utf-8" />
<title>设置背景颜色和图像</title>
<style type="text/css">
body{
    background:url(images/bg1.jpg) repeat-x;/*设置网页的背景图像沿 X 轴平铺*/
}
h2{
    text-align:center;
    background:#009;/*设置标题行的背景颜色*/
    color:#FFF;
}
</style>
</head>
<body>
<div id="box">
<h2>山东信息职业技术学院简介</h2>
<p>山东信息职业技术学院是山东省人民政府批准设立、教育部备案的公办省属普通高等学校，由山东省经济和信息化委员会和教育厅主管。学院具有 30 多年的办学历史，是教育部批办的"国家示范性软件职业技术学院"首批建设单位，是工信部、人力资源和社会保障部确认的国家首批"电子信息产业高技能人才培养基地"，是"全国信息产业系统先进集体"、"山东省职业教育先进集体"、"山东省德育工作优秀高校"、"山东省文明校园"、"潍坊市文明和谐单位"。</p>
</div>
</body>
</html>
```

浏览网页，效果如图 4-5 所示。

图 4-5　设置网页的背景图像平铺

例 4-5　继续修改例 4-4，设置网页的背景图像在网页左下角。修改 4-4.html 文件，将文件另存为 4-5.html。代码如下。

```
<!DOCTYPE html PUBLIC "-//W3C//DTD XHTML 1.0 Transitional//EN"
"http://www.w3.org/TR/xhtml1/DTD/xhtml1-transitional.dtd">
<html xmlns="http://www.w3.org/1999/xhtml">
<head>
<meta http-equiv="Content-Type" content="text/html; charset=utf-8" />
<title>设置背景图像在网页的具体位置</title>
<style type="text/css">
body{
    background:url(images/school4.jpg) no-repeat left bottom;/*设置网页的背
景图像在网页左下角*/
}
h2{
    text-align:center;
    background:#009;/*设置标题行的背景颜色*/
    color:#FFF;
}
</style>
</head>
<body>
<div id="box">
<h2>山东信息职业技术学院简介</h2>
<p>山东信息职业技术学院是山东省人民政府批准设立、教育部备案的公办省属普通高等学校，由山
东省经济和信息化委员会和教育厅主管。学院具有 30 多年的办学历史，是教育部批办的"国家示范性软
件职业技术学院"首批建设单位，是工信部、人力资源和社会保障部确认的国家首批"电子信息产业高技
能人才培养基地"，是"全国信息产业系统先进集体"、"山东省职业教育先进集体"、"山东省德育工作优
秀高校"、"山东省文明校园"、"潍坊市文明和谐单位"。</p>
</div>
</body>
</html>
```

浏览网页，效果如图 4-6 所示。

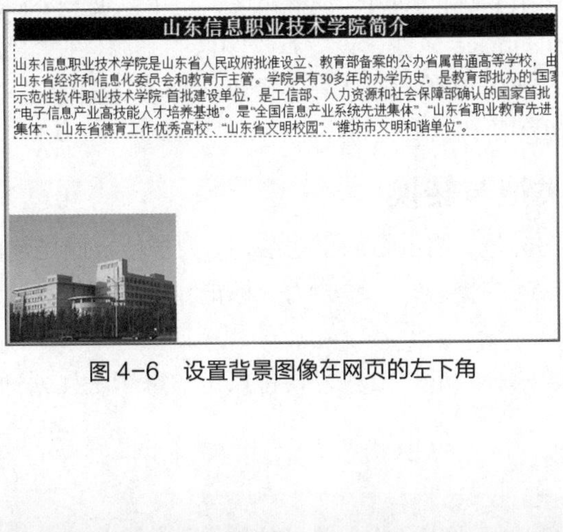

图 4-6　设置背景图像在网页的左下角

若修改 body 的样式表代码如下。

```
body{
    background:url(images/school4.jpg) no-repeat left center;
}
```

则背景图像在网页左侧，垂直居中位置出现一次。

若修改为如下代码。

```
body{
    background:url(images/school4.jpg) no-repeat left top;
}
```

则背景图像在网页左上角出现一次。

若修改为如下代码。

```
body{
    background:url(images/school4.jpg) no-repeat right top;
}
```

则背景图像在网页右上角出现一次。

若修改为如下代码。

```
body{
    background:url(images/school4.jpg) no-repeat right center;
}
```

则背景图像在网页右侧，垂直居中位置出现一次。

若修改为如下代码。

```
body{
    background:url(images/school4.jpg) no-repeat right bottom;
}
```

则背景图像在网页右下角出现一次。

若修改为如下代码。

```
body{
    background:url(images/school4.jpg) no-repeat 100px 50px;
}
```

则背景图像在离网页左侧 100 像素、离网页上方 50 像素位置处，出现一次。

CSS 设置网页元素的背景颜色和背景图像小结：

设置背景颜色可以使用 background-color 属性，也可以使用 background 属性；设置背景图像可以使用 background-image 属性，设置背景图像的来源，使图像在元素上平铺，充满整个元素；还可以使用 background 综合设置背景图像，即设置图像的来源、平铺方式及图像的位置等。实际应用中可灵活使用这些属性。

4.2.4　元素的类型与转换

HTML 提供了丰富的标记，用于组织页面结构。为了使页面结构的组织更加轻松、合理，HTML 标记被定义成了不同的类型，一般分为块标记和行内标记，也称块元素和行内元素。

1. 块元素

块元素在页面中以区域块的形式出现，其特点是：每个块元素通常都会占据一整行或多行，可以对其设置宽度、高度、对齐等属性，常用于网页布局和网页结构的搭建。

常见的块元素有<h1>~<h6>、<p>、<div>、<ul>、<ol>、<li>等，其中<div>标记是最典型的块元素。

2．行内元素

行内元素也称为内联元素或内嵌元素，其特点是：不必在新的一行开始，也不强迫其他元素在新的一行显示。一个行内元素通常会和它前后的其他行内元素显示在同一行中，它们不占据独立的区域，仅仅靠自身的字体大小和图像尺寸来支撑结构，一般不可以设置宽度、高度和对齐等属性，常用于控制页面中的特殊文本的样式。

常见的行内元素有<strong>、<b>、<em>、<i>、<a>、<span>等，其中<span>标记是最典型的行内元素。

<span>标记与<div>标记一样，作为容器标记而被广泛应用在 HTML 语言中。在<span>与</span>中间同样可以容纳各种 HTML 元素，从而形成独立的对象。

<div>与<span>的区别在于，<div>是一个块级元素，它包围的元素会自动换行。而<span>仅仅是一个行内元素，在它的前后不会换行。<span>没有结构上的意义，纯粹是应用样式，当其他行内元素都不合适时，就可以使用<span>元素。

下面举例说明<span>标记的使用。

例 4-6　创建网页，在源文件中添加<span>标记，设置 CSS 样式使<span>标记中的文字为红色。文件名 4-6.html，代码如下。

```
<!DOCTYPE html PUBLIC "-//W3C//DTD XHTML 1.0 Transitional//EN"
"http://www.w3.org/TR/xhtml1/DTD/xhtml1-transitional.dtd">
<html xmlns="http://www.w3.org/1999/xhtml">
<head>
<meta http-equiv="Content-Type" content="text/html; charset=utf-8" />
<title>设置行元素的样式</title>
<style type="text/css">
body{
    background:url(images/bodybg.jpg);   /*设置网页的背景图像*/
}
h2{
    text-align:center;
    font-family:"微软雅黑";
}
p span{
    color:#F00;    /*设置文字颜色*/
    font-weight:bold;   /*设置文字的粗体效果*/
}
</style>
</head>
<body>
<div id="box">
<h2>山东信息职业技术学院简介</h2>
```

```
    <p><span>山东信息职业技术学院</span>是山东省人民政府批准设立、教育部备案的公办省属普
通高等学校，由山东省经济和信息化委员会和教育厅主管。学院具有 30 多年的办学历史，是教育部批办
的"国家示范性软件职业技术学院"首批建设单位，是工信部、人力资源和社会保障部确认的国家首批"电
子信息产业高技能人才培养基地"，是"全国信息产业系统先进集体"、"山东省职业教育先进集体"、"山
东省德育工作优秀高校"、"山东省文明校园"、"潍坊市文明和谐单位"。</p>
    </div>
    </body>
    </html>
```

浏览网页，效果如图 4-7 所示。

图 4-7　设置行元素的样式

3．元素的转换

网页是由多个块元素和行内元素构成的盒子排列而成的。如果希望行内元素具有块元素
的某些特性，如可以设置宽高，或者需要块元素具有行内元素的某些特性，如不独占一行排
列，可以使用 display 属性对元素的类型进行转换。

display 属性常用的属性值及含义如下。

（1）inline：行内元素。

（2）block：块元素。

（3）inline-block：行内块元素，可以对其设置宽、高和对齐等属性，但是该元素不会独
占一行。

（4）none：元素被隐藏、不显示。

4.2.5　块元素间的外边距

1．块元素间的垂直外边距

当上下相邻的两个块元素相遇时，如果上面的元素有下外边距 margin-bottom，下面的元
素有上外边距 margin-top，则它们之间的垂直间距不是两者的和，而是两者中的较大者。下
面举例说明。

例 4-7　创建网页，在网页中定义两个块，并设置它们的外边距。文件名 4-7.html，代
码如下。

```
<!DOCTYPE html PUBLIC "-//W3C//DTD XHTML 1.0 Transitional//EN"
"http://www.w3.org/TR/xhtml1/DTD/xhtml1-transitional.dtd">
<html xmlns="http://www.w3.org/1999/xhtml">
<head>
<meta http-equiv="Content-Type" content="text/html; charset=utf-8" />
```

```
<title>两元素间的垂直外边距</title>
<style type="text/css">
#one{
    width:200px;
    height:100px;
    background:#FF0;
    margin-bottom:10px;     /*定义第一个块的下外边距*/
}
#two{
    width:200px;
    height:100px;
    background:#C60;
    margin-top:30px;        /*定义第二个块的上外边距*/
}
</style>
</head>
<body>
<div id="one">第一个块</div>
<div id="two">第二个块</div>
</body>
</html>
```

浏览网页，效果如图 4-8 所示。

例 4-7 中，定义了第一个块的下外边距为 10 像素，定义了第二个块的上外边距为 30 像素，此时两个块之间的垂直间距是 30 像素，即为 margin-bottom 和 margin-top 中的较大者。

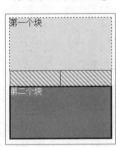

图 4-8　块元素间的垂直外边距

2．块元素间的水平外边距

当两个相邻的块元素水平排列时，如果左面的元素有右外边距 margin-right，右面的元素有左外边距 margin-left，则它们之间的水平间距是两者的和。下面举例说明。

例 4-8　创建网页，在网页中定义两个块，并设置它们的外边距。文件名 4-8.html，代码如下。

```
<!DOCTYPE html PUBLIC "-//W3C//DTD XHTML 1.0 Transitional//EN"
"http://www.w3.org/TR/xhtml1/DTD/xhtml1-transitional.dtd">
<html xmlns="http://www.w3.org/1999/xhtml">
<head>
```

```
<meta http-equiv="Content-Type" content="text/html; charset=utf-8" />
<title>两元素间的水平外边距</title>
<style type="text/css">
#one{
    width:200px;
    height:100px;
    background:#FF0;
    float:left;          /*设置块左浮动*/
    margin-right:10px;   /*定义第一个块的右外边距*/
}
#two{
    width:200px;
    height:100px;
    background:#C60;
    float:left;          /*设置块左浮动*/
    margin-left:30px;    /*定义第二个块的左外边距*/
}
</style>
</head>
<body>
<div id="one">第一个块</div>
<div id="two">第二个块</div>
</body>
</html>
```

注意　　上述代码中，float 属性设置块的浮动后，可以使两个块水平排列。关于浮动的内容这里了解即可，本书后面的章节会详细介绍。

浏览网页，效果如图 4-9 所示。

例 4-8 中，定义了第一个块的右外边距为 10 像素，定义了第二个块的左外边距为 30 像素，此时两个块之间的水平间距是 40 像素，即为 margin-right 和 margin-left 的和。

图 4-9　块元素间的水平外边距

4.3　案例实现

本案例新建一个网页文件，在文件中首先添加页面内容即结构，然后再定义网页元素的样式。

4.3.1 制作页面结构

分析学院简介页面效果图 4-10，该页面中主要有标题和段落文字组成。所有文字内容放入一个块中。标题文字使用标记<h2>，段落文字使用标记<p>。因此首先在页面中要使用 DIV 定义一个块，将标题和段落内容放入块中。网页元素的样式使用 CSS 样式设置。

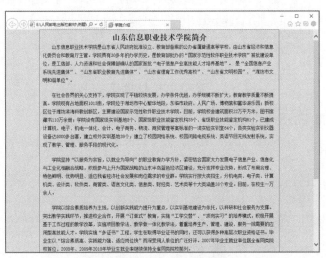

图 4-10　学院简介页面浏览效果

新建一个网页文件，文件名称为 intr.html。双击文件 intr.html，打开该文件，添加页面结构代码如下。

```
<!DOCTYPE html PUBLIC "-//W3C//DTD XHTML 1.0 Transitional//EN"
"http://www.w3.org/TR/xhtml1/DTD/xhtml1-transitional.dtd">
<html xmlns="http://www.w3.org/1999/xhtml">
<head>
<meta http-equiv="Content-Type" content="text/html; charset=utf-8" />
<title>学院介绍</title>
</head>
<body>
<div id="box">
<h2>山东信息职业技术学院简介</h2>
<p>山东信息职业技术学院是山东省人民政府批准设立、教育部备案的公办省属普通高等学校，由山
东省经济和信息化委员会和教育厅主管。学院具有 30 多年的办学历史，是教育部批办的"国家示范性软
件职业技术学院"首批建设单位，是工信部、人力资源和社会保障部确认的国家首批"电子信息产业高技
能人才培养基地"，是"全国信息产业系统先进集体"、"山东省职业教育先进集体"、"山东省德育工作优
秀高校"、"山东省文明校园"、"潍坊市文明和谐单位"。</p>
...
</div>
</body>
</html>
```

上述代码中，标题和段落的内容都放入了一个 box 的盒子中。此时浏览网页，效果如图 4-11 所示。

图 4-11　没有添加样式的页面浏览效果

4.3.2　添加 CSS 样式

添加页面内容后，使用 CSS 内部样式表设置页面各元素样式，将该部分代码放入\<head\>和\</head\>标记之间，代码如下。

```
<style type="text/css">
body,h2,p{
    margin:0;   /*设置元素的外边距为 0 像素*/
    padding:0   /*设置元素的内边距为 0 像素*/
}
body{
    background:url(images/bodybg.jpg);/*设置背景图像为祥云图案，并使图像平铺*/
}
#box{
    width:720px;   /*设置宽度*/
    height:auto;   /*设置高度为自动值*/
    border:1px solid #0080FF;   /*设置边距为 1 像素、实线、蓝色*/
    margin:0 auto;   /*设置元素在网页上水平居中*/
    padding:10px;    /*设置元素的内边距*/
}
h2{
    text-align:center;   /*设置标题水平居中*/
    height:30px;         /*设置标题的高度*/
    line-height:30px;   /*设置标题的行高，使文字垂直居中*/
}
p{
    font-family:"宋体";   /*设置字体*/
    font-size:14px;   /*设置段落文字大小*/
    text-indent:2em;   /*设置首行缩进 2 个字符*/
    line-height:25px;   /*设置行高*/
    margin-bottom:20px;   /*设置段落间距*/
}
</style>
```

浏览文件，效果如图 4-10 所示。

上述代码中，所有网页上的内容都放入了一个块中，再使用 CSS 设置块及各个元素的样式。实际网页制作过程中，进行 DIV+CSS 布局页面时，都是将不同的内容分别放入不同的块中，通过 CSS 设置各个块的样式，使所有网页内容合理布局和显示。此即为通常所说的 DIV+CSS 布局。

本章小结

本章介绍了盒子模型的概念及盒子模型的常用属性。盒子的定义使用 DIV 标记，盒子的常用属性有 width（宽度）、height（高度）、border（边框）、margin（外边距）、padding（内边距）和 background（背景）等属性。

网页中的元素有块元素和行内元素，行内元素不能设置宽度和高度等属性，块元素和行内元素可以通过 display 属性进行转换。

最后综合利用盒子模型及盒子模型的相关属性制作信息学院简介页面。

通过本章的学习，读者可以掌握盒子模型的概念及盒子相关属性的使用方法。

习题 4

一、选择题

1. 如何显示这样一个边框：上边框 10 像素、下边框 5 像素、左边框 20 像素、右边框 1 像素？

A）border-width:10px 5px 20px 1px

B）border-width:10px 20px 5px 1px

C）border-width:5px 20px 10px 1px

D）border-width:10px 1px 5px 20px

2. 使用什么属性设置元素的左边距？

A）text-indent   B）indent   C）margin   D）margin-left

二、填空题

1. 将盒子 box 的下边框设置为 2 像素、实线、红色，则 CSS 设置代码为_____。

2. 将盒子 box 的上、右、下、左四个内边距分别设置为 10 像素、20 像素、30 像素、40 像素，则 CSS 设置代码为_____。

3. #box{padding:10px 20px 30px;}表示的含义是_____。

4. #box{padding:10px 20px 30px}表示的含义是_____。

5. #box{padding:10px;}表示的含义是_____。

6. #box{ margin:0 auto;} 表示的含义是_____。

三、简述题

1. 什么是盒子模型？盒子模型有哪些属性？

2. 如何设置元素的背景颜色和背景图像？

3. 什么是块元素？什么是行内元素？常用的块元素和行内元素有哪些？

实训 4

一、实训目的

1. 理解盒子模型的定义和使用。
2. 掌握盒子模型的常用属性。

二、实训内容

1. 上机实做本章所有例题。
2. 按照课本 4.3 节案例步骤实现学院简介页面。
3. 做如图 4-12 所示的页面效果。使用盒子模型的相关属性进行样式设置。

图 4-12　实训的页面浏览效果

参考步骤如下。

分析图 4-12 所示的页面效果，该页面中主要有标题和项目列表内容组成。所有内容放入一个块中。标题文字使用标记<h1>，列表文字使用标记<ul>。因此首先在页面中要使用 DIV 定义一个块，将标题和列表内容放入块中，再设置块和各元素的 CSS 样式。图像的显示则可以将其作为块元素的背景图像。

（1）新建网页文件，文件名："士官招生计划.html"，打开该文件，添加页面结构代码如下。

```
<!DOCTYPE html PUBLIC "-//W3C//DTD XHTML 1.0 Transitional//EN"
"http://www.w3.org/TR/xhtml1/DTD/xhtml1-transitional.dtd">
<html xmlns="http://www.w3.org/1999/xhtml">
<head>
<meta http-equiv="Content-Type" content="text/html; charset=utf-8" />
<title>盒子模型实训</title>
</head>
<body>
<div id="box">
<h1>山东信息职业技术学院 2016 年直招士官招生计划</h1>
<ul>
 <li>应用电子技术 100 人</li>
 <li>电子信息工程技术 140 人</li>
 <li>通信技术 160 人</li>
 <li>计算机应用技术 60 人</li>
```

```
    <li>计算机网络技术 40 人</li>
</ul>
</div>
</body>
</html>
```

上述代码中，标题和列表内容都放入了一个 box 的盒子中。此时浏览网页，效果如图 4-13 所示。

图 4-13　实训的没有添加样式的页面浏览效果

（2）添加页面内容后，使用 CSS 内部样式表设置页面各元素样式，样式表代码如下。

```
<style type="text/css">
body,h1,ul,li{
    margin:0;  /*设置元素的外边距为 0 像素*/
    padding:0;  /*设置元素的内边距为 0 像素*/
    list-style:none;  /*去掉默认的列表项目符号*/
}
#box{
    width:872px;  /*设置宽度*/
    height:337px;  /*设置高度*/
    background:url(images/bg3.jpg);  /*设置背景图像*/
    margin:0 auto;  /*设置元素在网页上水平居中*/
}
#box h1{
    text-align:center;  /*设置标题水平居中*/
    height:91px;        /*设置标题的高度*/
    line-height:91px;  /*设置标题的行高，使文字垂直居中*/
    font-family:"微软雅黑"; /*设置字体*/
    font-size:30px;     /*设置字号*/
    color:#FFF;         /*设置文字颜色*/
}
#box ul{
    padding-left:513px;  /*设置左内边距*/
    padding-top:46px;    /*设置上内边距*/
}
#box ul li{
```

```
    font-size:24px;        /*设置字号*/
    font-weight:bold;     /*设置文字粗体效果*/
    color:#eb6100;         /*设置文字颜色*/
    background:url(images/dot.gif) no-repeat left center; /*设置项目符号*/
    padding-left:20px; /*设置左内边距*/
}
</style>
```

浏览文件，查看页面浏览效果。

三、实训总结

拓展阅读4-1

第 5 章
列表与超链接

为了使网页更易阅读，经常将网页信息以列表的形式呈现。例如，许多网站中的新闻条目、图片展示、导航项等都采用列表来显示。列表在网页设计中占有很大比重。传统的 HTML 语言提供了项目列表的基本功能，当引入 CSS 后，项目列表被赋予了许多新的属性，甚至超越了它最初设计时的功能。而超链接更是网页设计中必须使用的元素。使用列表和超链接元素，可以制作网页中常见的新闻块和导航等元素。

本章学习目标（含素养要点）如下：

● 掌握列表的 CSS 样式设置方法（价值观塑造）；

● 掌握超链接的 CSS 样式设置方法；

● 掌握新闻块和网站导航的制作方法。

5.1 案例：学院新闻块与学院网站导航

案例一：制作学院新闻块

将学院新闻所有内容放入定义的块中，新闻条目使用无序列表显示。设置块及相关元素的 CSS 属性。浏览效果如图 5-1 所示。具体要求如下。

（1）块的宽度 width 属性值为 460 像素、高度 height 属性值为 211 像素。

（2）块的边框为 1 像素、蓝色（#036）、实线。

（3）标题行采用二级标题，标题行背景颜色为蓝色（#036）、高度为 30 像素、文字颜色为白色、文字大小为 16 像素。

（4）新闻条目超链接文字采用宋体、文字大小为 13 像素、文字颜色为灰色（#333）、行高为 28 像素、无下划线。

（5）鼠标移到新闻条目文字时文字颜色为深红色（#900）、有下划线。

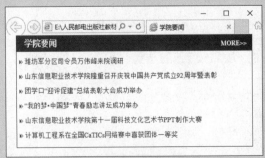

图 5-1　学院新闻浏览效果

案例二：制作学院网站导航条

导航条的内容一般用无序列表来构造，将导航条内容放入一个定义的块中，并设置块及块中列表项的相关属性。浏览效果如图5-2所示。要求如下。

（1）导航条的宽度为1 000像素，高度为36像素。

（2）导航条的背景图像为素材中的navbg1.jpg，该图像平铺到导航条上。

（3）每两个导航项之间有分隔条，分隔条图像为navline.jpg。

（4）每个导航项为超链接文字，文字采用宋体、大小14像素，文字为白色、粗体，无下划线。

（5）鼠标移到超链接文字时，显示浅蓝色椭圆框，即背景图像为navbg2.jpg。

图5-2　学院导航条浏览效果

5.2　知识准备

5.2.1　列表样式设置

本书第2章已介绍过，列表有无序列表、有序列表和自定义列表，对应的标记分别是ul、ol和dl。这些标记通过标记的属性可以控制列表的项目符号，但是这种方式实现的效果并不理想，为此CSS提供了一系列列表样式属性来设置列表的样式。

（1）list-style-type属性：用于控制无序或有序列表的项目符号，例如，无序列表的取值有disc、circle、square。

（2）list-style-image属性：设置列表项的项目图像，使列表的样式更加美观，其取值为图像的URL（地址）。

（3）list-style-position属性：设置列表项目符号的位置，其取值有inside和outside两种。

（4）list-style属性：综合设置列表样式，可以代替上面三个属性。格式如下。

list-style: 列表项目符号　列表项目符号的位置　列表项目图像

实际上，在网页制作过程中，为了更高效地控制列表项目符号，通常将list-style的属性值定义为none，清除列表的默认样式。然后通过为\<li\>设置背景图像的方式实现不同的列表项目符号。下面举例说明。

例5-1　在网页上创建无序列表，并设置列表样式。文件名：5-1.html，代码如下。

```
<!DOCTYPE html PUBLIC "-//W3C//DTD XHTML 1.0 Transitional//EN"
"http://www.w3.org/TR/xhtml1/DTD/xhtml1-transitional.dtd">
<html xmlns="http://www.w3.org/1999/xhtml">
<head>
<meta http-equiv="Content-Type" content="text/html; charset=utf-8" />
<title>列表样式设置</title>
<style type="text/css">
li{
    list-style:none;   /*清除列表的默认样式*/
```

```
        height:26px;
        line-height:26px;
        background:url(images/arror.jpg) no-repeat left center; /*为 li 设置背景
图像*/
        padding-left:25px; /*使文字往右移动，使背景图像与文字不重叠*/
}
</style>
</head>
<body>
<h2>教学系部</h2>
<ul>
<li>计算机系</li>
<li>电子系</li>
<li>信息系</li>
<li>管理系</li>
<li>软件系</li>
<li>航空系</li>
<li>基础教学部</li>
</ul>
</body>
</html>
```

浏览网页，效果如图 5-3 所示。

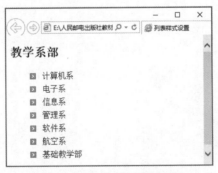

图 5-3 列表样式定义浏览效果

从图 5-3 可以看到，每个列表项都用背景图像重新定义了列表的项目符号。如果想重新选择列表项目符号，只须修改 background 属性的值即可。

例 5-1 中使用了无序列表，在实际网页制作过程中，也经常使用自定义列表。通过设置 CSS 样式，可以制作一些图文显示的效果。下面举例说明。

例 5-2　通过自定义列表构造网页内容，并设置 CSS 样式。文件名：5-2.html，代码如下。

```
<!DOCTYPE html PUBLIC "-//W3C//DTD XHTML 1.0 Transitional//EN"
"http://www.w3.org/TR/xhtml1/DTD/xhtml1-transitional.dtd">
<html xmlns="http://www.w3.org/1999/xhtml">
<head>
```

```html
<meta http-equiv="Content-Type" content="text/html; charset=utf-8" />
<title>优秀毕业生介绍</title>
<style type="text/css">
dl,dd,dt,h2,p,img{
    margin:0;
    padding:0;
    border:0
}
#box{
    width:580px;
    height:230px;
    background-color:#9CF;
    padding:20px;
    margin:20px auto;
}
dt{
    float:left;  /*使图像左浮动*/
    width:310px;
}
dd{
    float:left;  /*使文字左浮动*/
    margin-left:15px;
    width:255px;
}
span{
  color:#039;
  }
h2{
    font-size:14px;
    line-height:25px;
    }
p{
    font-size:14px;
    line-height:25px;
    text-indent:2em;
    margin-top:15px;
    }
</style>
</head>
<body>
<div id="box">
<dl>
```

```
<dt><img src="images/sunmei.jpg" width="304" height="229" /></dt>
<dd>
<h2><span>孙梅</span>（计算机系优秀毕业生风采）</h2>
<h2>工作单位：北京时代风标科技有限公司</h2>
<p>孙梅，2006级计算机应用技术专业。现就职于北京时代风标科技有限公司。专业的优秀资深
网站工程师和资深网站设计师，拥有上百个网站项目的成功案例，精通网站前端设计和网站后台开发。
</p>
</dd>
</dl>
</div>
</body>
</html>
```

浏览网页，效果如图5-4所示。

图5-4　自定义列表样式浏览效果

由例5-2可以看出，制作图文混排效果时，图片往往放入<dt>标记中，文字放入<dd>标记中，然后设置<dt>和<dd>左浮动，使它们水平排列。关于浮动的内容将在第6章详细介绍，这里了解即可。

5.2.2　超链接样式设置

定义超链接时，为了提高用户体验，经常需要为超链接指定不同的状态，使得超链接在单击前、单击后和鼠标悬停时的样式不同。在CSS中，通过链接伪类可以实现不同的链接状态。

所谓伪类并不是真正意义上的类，它的名称是由系统定义的。超链接标记<a>的伪类有4种，如下所示。

（1）a:link{CSS样式规则;}：未访问时超链接的状态。

（2）a:visited{CSS样式规则;}：访问后超链接的状态。

（3）a:hover{CSS样式规则;}：鼠标悬停时超链接的状态。

（4）a:active{CSS样式规则;}：鼠标单击不动时超链接的状态。

通常在实际应用时，只需要使用a:link、a:visited来定义未访问和访问后的样式，而且a:link和a:visited定义相同的样式；使用a:hover定义鼠标悬停时超链接的样式即可。有时干脆只定义a和a:hover的样式。

例5-3　设置超链接文字的样式。文件名为 5-3.html，代码如下。

```
<!DOCTYPE html PUBLIC "-//W3C//DTD XHTML 1.0 Transitional//EN"
"http://www.w3.org/TR/xhtml1/DTD/xhtml1-transitional.dtd">
<html xmlns="http://www.w3.org/1999/xhtml">
<head>
<meta http-equiv="Content-Type" content="text/html; charset=utf-8" />
<title>超链接样式设置</title>
<style type="text/css">
body{
    padding:0;
    margin:0;
    font-size:16px;
    font-family:"微软雅黑";
    color:#3c3c3c;
}
a{
    color:#4c4c4c; /*超链接文字的颜色*/
    text-decoration:none; /*设置超链接文字无下划线*/
}
a:hover{
    color:#FF8400;
    text-decoration:underline; /*设置鼠标悬停时超链接文字有下划线*/
}
</style>
</head>
<body>
    <a href="#">学院简介</a>
    <a href="#">学院新闻</a>
    <a href="#">专业介绍</a>
    <a href="#">招生就业</a>
</body>
</html>
```

浏览网页，效果如图 5-5 所示。

图 5-5　超链接文字样式浏览效果

例 5-3 浏览网页时，鼠标移动到超链接文字时，文字变成橘红色，且带有下划线效果。通过超链接样式的设置，可以改变默认超链接的文字样式。实际做网站时，都要对网站的超链接进行个性化的设置，一般不采用默认的样式。

5.3 案例实现

本节使用前面所学知识实现学院新闻块和学院网站导航条的制作。

5.3.1 制作学院新闻块

1．学院新闻块页面结构

分析学院新闻块页面效果图 5-6，该页面中主要由标题和列表文字组成。所有文字内容放入一个块中。标题文字使用标记<h2>，列表文字使用无序列表标记<ul>。因此首先在页面中要使用 DIV 定义一个块，将标题和列表内容放入块中。再设置块中各元素及超链接的 CSS 样式。

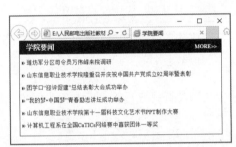

图 5-6　学院要闻浏览效果

新建一个网页文件，文件名称为 news.html。双击文件 news.html，打开该文件，添加如下页面结构代码。

```
<!DOCTYPE html PUBLIC "-//W3C//DTD XHTML 1.0 Transitional//EN"
"http://www.w3.org/TR/xhtml1/DTD/xhtml1-transitional.dtd">
<html xmlns="http://www.w3.org/1999/xhtml">
<head>
<meta http-equiv="Content-Type" content="text/html; charset=utf-8" />
<title>学院要闻</title>
</head>
<body>
 <div id="news">
   <h2>学院要闻<span><a href="#">MORE>></a></span></h2>
   <ul
    <li><a href="#">潍坊军分区司令员万伟峰来院调研</a></li>
    <li><a href="#">山东信息职业技术学院隆重召开庆祝中国共产党成立 92 周年暨表彰
</a></li>
    <li><a href="#">团学口"迎评促建"总结表彰大会成功举办</a></li>
    <li><a href="#">"我的梦·中国梦"青春励志讲坛成功举办</a></li>
    <li><a href="#">山东信息职业技术学院第十一届科技文化艺术节 PPT 制作大赛
</a></li>
    <li><a href="#">计算机工程系在全国 CaTICs 网络赛中喜获团体一等奖</a></li>
    </ul>
```

```
        </div>
    </body>
</html>
```

上述代码中，标题和列表的内容都放入了一个 news 的盒子中。此时浏览网页，效果如图 5-7 所示。

图 5-7　学院要闻结构内容

2. 添加 CSS 样式

添加页面内容后，使用 CSS 内部样式表设置页面各元素样式，样式表代码如下。

```
<style type="text/css">
body,h2,ul,li{ /*设置元素的初始属性*/
    margin:0;
    padding:0;
    list-style:none; /*设置列表无项目符号图像*/
}
#news{ /*设置新闻块的样式*/
    width:460px;
    height:211px;
    margin: 0 auto;
    border:1px solid #036;
}
#news h2{ /*设置标题行的样式*/
    width:445px;
    height:30px;
    line-height:30px;
    color:#fff;
    font-size:16px;
    background:#036;
    padding-left:15px;
}
#news h2 span a{ /*设置标题右侧超链接文字的样式*/
    color:#FFF;
    font-size:12px;
    padding-left:320px;
    text-decoration:none;
```

```
}
#news ul{
    padding:5px;
    width:450px;  /*左、右内边距都是 5px，宽度应为 460px-10px=450px*/
    height:171px;  /*上、下内边距都是 5px，高度应为 211px-30px-10px=171px*/
}
#news ul li{
    padding-left:10px;  /*此处，如果不设左内边距，则背景图像会和文字重叠*/
    width:440px;  /*左内边距是 10px，宽度应为 450px-10px=440px*/
    height:28px;
    line-height:28px;
    background:url(images/arror2.gif) no-repeat left center;  /*设置列表项左
侧的图像*/
}
#news ul li a{  /*设置列表项超链接文字的样式*/
    font-size:13px;
    color:#333;
    text-decoration:none;
}
#news ul li a:hover{  /*设置鼠标悬停时超链接文字样式*/
    color:#c00;
    text-decoration:underline;
}
</style>
```

浏览网页，效果如图 5-6 所示。

上述代码中，所有网页上的内容都放入了一个 news 块中，主要设置了列表和超链接文字的样式。切记元素的实际宽度为 margin、padding、border 和 width 的总和。因此在设置无序列表和列表项的宽度时不要出现错误。

5.3.2 制作学院网站导航条

1．学院导航条结构

分析学院导航条效果图 5-8，该导航条有 8 个导航项构成，每两个导航项之间有一个分隔条。导航条的项可以使用无序列表构造，所有文字内容放入一个块中。因此首先在页面中使用 DIV 定义一个块，将列表项内容放入块中。再设置块中各元素及超链接的 CSS 样式，导航项右侧的分隔条通过给列表项添加背景图像来实现。

图 5-8 学院导航条浏览效果

新建一个网页文件，文件名称为 nav.html。双击文件 nav.html，打开该文件，添加如下页面结构代码。

```
<!DOCTYPE html PUBLIC "-//W3C//DTD XHTML 1.0 Transitional//EN"
"http://www.w3.org/TR/xhtml1/DTD/xhtml1-transitional.dtd">
<html xmlns="http://www.w3.org/1999/xhtml">
<head>
<meta http-equiv="Content-Type" content="text/html; charset=utf-8" />
<title>导航条</title>
</head>
<body>
<div id="nav">
 <ul>
  <li><a href="#">网站首页</a></li>
  <li><a href="#">学院概况</a></li>
  <li><a href="#">新闻中心</a></li>
  <li><a href="#">机构设置</a></li>
  <li><a href="#">教学科研</a></li>
  <li><a href="#">团学在线</a></li>
  <li><a href="#">招生就业</a></li>
  <li class="nobg"><a href="#">公共服务</a></li>
 </ul>
</div>
</body>
</html>
```

上述代码中，无序列表的内容都放入了一个nav的盒子中。此时浏览网页，效果如图5-9所示。可以看到列表项垂直排列，超链接采用默认样式。

图5-9　导航条结构内容

2. 添加CSS样式

添加页面内容后，使用CSS使用内部样式表设置页面各元素样式，样式表代码如下。

```
<style type="text/css">
body,ul,li{ /*设置元素的初始属性*/
    margin:0;
    padding:0;
    list-style:none;
```

```
}
#nav{ /*设置导航块的样式*/
    width:1000px;
    height:36px;
    margin:20px auto;
    background:url(images/navbg1.jpg)
}
#nav ul li{ /*设置列表项的样式*/
    width:125px; /*8 个导航项，因此每个是 1000px/8=125px*/
    height:36px;
    line-height:36px;
    float:left; /*使每个列表项左浮动，即所有列表项水平排列*/
    text-align:center;
    background:url(images/navline.jpg) no-repeat right center; /*添加列表
项右侧的分隔条*/
}
#nav ul li.nobg{
    background:none; /*设置最后一个列表项无背景图像，即去掉最后一项右侧的分隔条*/
}
#nav ul li a{ /*设置列表项超链接文字的样式*/
    color:#fff;
    font-size:14px;
    font-weight:bold;
    text-decoration:none;
}
#nav ul li a:hover{ /*设置鼠标悬停时超链接文字的样式*/
    display:block; /*将超链接元素转换为块元素，以便设置宽度、高度以及添加背景图像*/
    width:125px;
    height:36px;
    background:url(images/navbg2.jpg) no-repeat center center;
}
</style>
```

浏览网页，效果如图 5-2 所示。

上述代码中，最关键的样式是设置列表项左浮动，使列表项水平排列；通过给列表项添加背景图像添加分隔条，以及去掉最后一项的分隔条；鼠标悬停时设置超链接元素为块元素，通过设置背景图像添加椭圆框。该案例是网站制作中典型的导航条制作方法。

本章小结

本章介绍了列表和超链接元素的样式设置方法。在网站建设中，重复的内容大都用列表构造。无序列表在使用时，一般是去掉其本身的项目符号，通过设置列表项背景图像的方式添加个性化的项目符号。超链接元素设置样式时，通常只设置 a 元素和 a:hover 元素的样式即可。

学院新闻块和学院网站导航条案例是典型的新闻块和导航条制作方法。切实理解这些案例的代码可以制作出网页中各种样式的新闻块和导航条。

习题 5

一、填空题

1. CSS 样式设置中，综合设置无序列表的样式属性是_____。
2. CSS 样式设置中，设置未访问时超链接的状态，使用的伪类是_____。
3. CSS 样式设置中，设置访问后超链接的状态，使用的伪类是_____。
4. CSS 样式设置中，设置鼠标悬停时超链接的状态，使用的伪类是_____。
5. CSS 样式设置中，设置鼠标单击不动时超链接的状态，使用的伪类是_____。

二、简述题

1. 无序列表和自定义列表有何区别？其 CSS 样式分别如何设置？
2. 超链接元素默认为行内元素，使用 CSS 属性如何将其设置为块元素？什么情况下需要设置为块元素？
3. 如何使块元素中的内容水平和垂直都居中对齐？

实训 5

一、实训目的

1. 练习列表和超链接元素的 CSS 样式定义。
2. 掌握新闻块和导航条的制作方法。

二、实训内容

1. 上机实做本章所有例题。
2. 按照课本 5.3 节案例步骤制作学院新闻块和学院网站导航条。
3. 学院新闻块案例拓展，在新闻条目右侧添加日期，如图 5-10 所示。

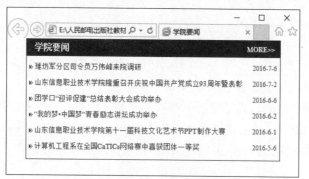

图 5-10　添加日期后的新闻浏览效果

提示：

在每个列表项内容前面添加<span>标记，将日期放入<span>标记中。例如，

```
<li><span>2016-7-6</span><a href="#">潍坊军分区司令员万伟峰来院调研</a></li>
```

再添加其 CSS 样式如下。

```
#news ul li span{font-size:12px; color:#F00;float:right;}
```

4. 制作学院荣誉块，如图 5-11 所示。具体要求如下。

（1）块的实际宽度 280 像素、高度为 140 像素。

（2）标题行中图像为 leftRY.jpg。

（3）荣誉条目超链接文字采用宋体、文字大小为 14 像素、文字颜色为红色（#930）、无下划线。

（4）鼠标移到荣誉条目文字时文字颜色为白色、背景颜色为红色（#930）。

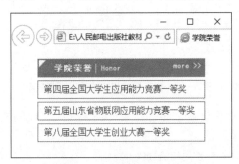

图 5-11　学院荣誉块浏览效果

参考步骤如下。

分析图 5-11 所示的页面效果，该页面中主要由标题和荣誉列表内容组成。荣誉列表内容可以采用无序列表构造，所有内容放入一个块中。标题使用标记<h2>，列表文字使用标记<ul>。因此首先在页面中要使用 DIV 定义一个块，将标题和列表内容放入块中再设置块和各元素的 CSS 样式。

（1）新建一个网页文件，文件名称为：honors.html。双击文件 honors.html，打开该文件，添加如下页面结构代码。

```
<!DOCTYPE html PUBLIC "-//W3C//DTD XHTML 1.0 Transitional//EN"
"http://www.w3.org/TR/xhtml1/DTD/xhtml1-transitional.dtd">

<html xmlns="http://www.w3.org/1999/xhtml">

<head>

<meta http-equiv="Content-Type" content="text/html; charset=utf-8" />

<title>学院荣誉</title>

</head>

<body>

<div id="honors">

  <h2><img src="images/leftRY.jpg" width="280" height="30" border="0" />

  </h2>

  <ul>

   <li><a href="#">第四届全国大学生应用能力竞赛一等奖</a></li>

   <li><a href="#">第五届山东省物联网应用能力竞赛一等奖</a></li>

   <li><a href="#">第八届全国大学生创业大赛一等奖</a></li>

  </ul>

  </div>
```

```
</body>
</html>
```

上述代码中，标题和列表内容都放入了一个 honors 的盒子中。此时浏览网页，效果如图 5-12 所示。

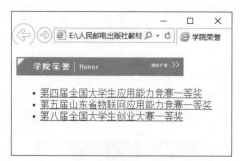

图 5-12　没有添加样式的页面浏览效果

（2）使用 CSS 内部样式表设置页面各元素样式，样式表代码如下。

```css
<style type="text/css">
body,h2,ul,li{ /*设置元素的初始属性*/
    margin:0;
    padding:0;
    list-style:none;
}
#honors{ /*设置块的样式*/
    width:280px;
    height:140px;
    margin:20px auto;
}
#honors h2{  /*设置标题行的样式*/
    width:280px;
    height:30px;
}
#honors ul li{  /*设置列表项的样式*/
    width:278px;
    height:28px;
    line-height:28px;
    border:1px solid #666;
    margin:5px 0;
}
#honors ul li a{   /*设置列表项超链接文字的样式*/
    display:block; /*设置超链接为块元素，才能设置其宽和高*/
    width:268px;
    height:28px;
    color:#930;
```

```
    font-size:14px;

    padding-left:10px;

    text-decoration:none;

}
#honors ul li a:hover{  /*设置鼠标悬停时超链接文字样式*/

    background-color:#930;

    color:#fff;

}
</style>
```

浏览网页，查看页面浏览效果。

上述代码中，在标题行图片的右侧"more>>"处建立了图像热点链接，鼠标在此处悬停时会有手状光标出现。

5. 制作学院风光页面，如图5-13所示。具体要求如下。

（1）所有内容放入一个块中，块的实际宽度为650像素、高度为333像素，块在网页居中显示。

（2）标题行的高度为40像素，标题行下的水平线为3像素、黑色、实线。

（3）图片之间的间距为10像素。

（4）鼠标悬停到每个图片时，单击图片超链接到该图片相应的大图片。

图5-13　学院风光页面浏览效果

参考步骤如下。

分析图5-13所示的页面效果，该页面中主要由标题和图片组成。图片列表内容可以采用无序列表构造，每个图片和下方的文字可以作为每个列表项的内容。所有内容放入一个块中。首先在页面中要使用DIV定义一个块，将标题和列表内容放入块中再设置块和各元素的CSS样式。

（1）新建一个网页文件，文件名称为view.html。双击文件view.html，打开该文件，添加如下页面结构代码。

```
<!DOCTYPE html PUBLIC "-//W3C//DTD XHTML 1.0 Transitional//EN"
"http://www.w3.org/TR/xhtml1/DTD/xhtml1-transitional.dtd">

    <html xmlns="http://www.w3.org/1999/xhtml">
```

```html
<head>
<meta http-equiv="Content-Type" content="text/html; charset=utf-8" />
<title>学院风光</title>
</head>
<body>
<div id="view">
<h2>学院风光</h2>
<ul>
  <li>
    <p><a href="images/school1.jpg"><img src="images/sch1.jpg" width="150" height="113" /></a></p>
    <p>行政楼</p>
  </li>
    <li>
    <p><a href="images/school2.jpg"><img src="images/sch2.jpg" width="150" height="113" /></a></p>
      <p>篮球场</p>
    </li>
    <li>
    <p><a href="images/school3.jpg"><img src="images/sch3.jpg" width="150" height="113" /></a></p>
      <p>花园</p>
    </li>
    <li>
    <p><a href="images/school4.jpg"><img src="images/sch4.jpg" width="150" height="113" /></a></p>
      <p>实训楼</p>
    </li>
    <li>
    <p><a href="images/school5.jpg"><img src="images/sch5.jpg" width="150" height="113" /></a></p>
      <p>图书馆</p>
    </li>
    <li>
    <p><a href="images/school6.jpg"><img src="images/sch6.jpg" width="150" height="113" /></a></p>
    <p>体育场</p>
    </li>
    <li>
    <p><a href="images/school7.jpg"><img src="images/sch7.jpg" width="150" height="113" /></a></p>
      <p>花园</p>
```

```
    </li>
    <li>
    <p><a href="images/school8.jpg"><img src="images/sch8.jpg" width="150"
height="113" /></a></p>
    <p>林荫小道</p>
    </li>
  </ul>
  </div>
  </body>
  </html>
```

上述代码中，每个图片放入<p>标记中，并给每个图片建立了超链接，单击图片时可以显示相应的大图片。

此时浏览网页，效果如图 5-14 所示。

图 5-14　没有添加样式的页面浏览效果

（2）使用 CSS 内部样式表设置页面各元素样式，样式表代码如下。

```
<style type="text/css">
h2,ul,li,p,img{ /*设置元素的初始属性*/
    margin:0;
    padding:0;
    border:0; /*去掉图片的边框*/
    list-style:none;
}
body{ /*设置网页文字的大小和颜色*/
    font-size:13px;
    color:#666;
}
#view{ /*设置块元素的样式*/
```

```
    width:650px;
    height:333px;
    margin:0 auto;
}
#view h2{ /*设置标题行的样式*/
    width:650px;
    height:40px;
    line-height:40px;
    font-size:24px;
    border-bottom:3px solid #000; /*设置标题行底边框的样式*/
    text-align:center;
}
#view ul{/*设置无序列表的样式*/
    width:640px; /*宽度为650px-10px=640px*/
    height:270px;/*高度为333px-40px-3px-20px=270px*/
    padding:10px 0 10px 10px;
}
#view ul li{/*设置列表项的样式*/
    width:150px;   /*每张图片宽度为150px*/
    height:135px;  /*每张图片高度和文字高度和为135px*/
    float:left;    /*使图片水平排列*/
    margin-right:10px; /*图片之间的间距是10px*/
}
.text{ /*图片下方文字的样式*/
    width:150px;
    height:22px; /*列表项高度135px-图片高度113px=22px*/
    line-height:22px;
    text-align:center;
}
</style>
```

浏览网页，查看页面浏览效果。

6. 制作图5-15所示的导航条，鼠标悬停在超链接文字时变换文字颜色和背景。

图5-15　导航条浏览效果

参考代码如下。

```
<!DOCTYPE html PUBLIC "-//W3C//DTD XHTML 1.0 Transitional//EN"
"http://www.w3.org/TR/xhtml1/DTD/xhtml1-transitional.dtd">
<html xmlns="http://www.w3.org/1999/xhtml">
```

```
<head>
<meta http-equiv="Content-Type" content="text/html; charset=utf-8" />
<title>导航条制作</title>
<style type="text/css">
ul,li{
    list-style:none;
    margin:0;
    padding:0;
}
#nav{
    width:1000px;
    height:30px;
    margin:0 auto;
}
#nav ul li{
    width:125px;
    height:30px;
    float:left;
    line-height:30px;
    text-align:center;
}
#nav ul li a{
    display:block;
    width:125px;
    height:30px;
    background-color:#096;
    font-size:14px;
    font-weight:bold;
    color:#FFF;
    text-decoration:none;
}
#nav ul li a:hover{
    background-color:#9F6;
    text-decoration:underline;
    color:#900;
}
</style>
</head>
<body>
<div id="nav">
 <ul>
 <li><a href="#">首页</a></li>
```

```
<li><a href="#">美食</a></li>
<li><a href="#">养生</a></li>
<li><a href="#">保健</a></li>
<li><a href="#">健身</a></li>
<li><a href="#">饮料</a></li>
<li><a href="#">心理</a></li>
<li><a href="#">论坛</a></li>
</ul>
</div>
</body>
</html>
```

7. 制作图 5-16 所示的竖直导航条，鼠标悬停在超链接文字时变换背景颜色。

图 5-16　导航条浏览效果

参考代码如下。

```
<!DOCTYPE html PUBLIC "-//W3C//DTD XHTML 1.0 Transitional//EN"
"http://www.w3.org/TR/xhtml1/DTD/xhtml1-transitional.dtd">
<html xmlns="http://www.w3.org/1999/xhtml">
<head>
<meta http-equiv="Content-Type" content="text/html; charset=utf-8" />
<title>导航条制作</title>
<style type="text/css">
ul,li{
    list-style:none;
    margin:0;
    padding:0;
}
#nav{
    width:120px;
    height:240px;
    margin:0 auto;
}
```

```
#nav ul li{
    width:120px;
    height:29px;
    line-height:29px;
    border-bottom:1px solid #FFF;
    background-color:#09F;
    text-align:center;
}
#nav ul li a{
    display:block;
    width:112px;
    height:29px;
    border-left:8px solid  #03C;/*设置左侧蓝色边框*/
    font-size:14px;
    font-weight:bold;
    color:#FFF;
    text-decoration:none;
}
#nav ul li a:hover{
    background-color:#03C; /*背景颜色和左侧边框颜色相同*/
}
</style>
</head>
<body>
<div id="nav">
 <ul>
 <li><a href="#">首页</a></li>
 <li><a href="#">美食</a></li>
 <li><a href="#">养生</a></li>
 <li><a href="#">保健</a></li>
 <li><a href="#">健身</a></li>
 <li><a href="#">饮料</a></li>
 <li><a href="#">心理</a></li>
 <li><a href="#">论坛</a></li>
 </ul>
</div>
</body>
</html>
```

三、实训总结

Chapter 6

第 6 章
表格与表单

表格是 HTML 网页中的重要元素,利用表格可以有条理地显示网页内容。早期的网页版面布局时采用表格进行布局,但随着网页技术的发展,现在的网页排版一般采用 DIV+CSS 布局。但网页上的一些内容,譬如通信录、学生信息表、课程表采用表格仍然是较好的呈现方式。表单用于搜集不同类型的用户输入,譬如网上注册、网上登录、网上交易等页面都需要创建表单。本章将对表格相关标记、表单相关标记以及 CSS 控制表格和表单的样式进行详细讲解。

本章学习目标(含素养要点)如下:
- 掌握创建表格的 HTML 标记(创新意识);
- 掌握表格的 CSS 样式控制(职业素养);
- 掌握创建表单的 HTML 标记;
- 掌握表单的 CSS 样式控制。

6.1　表格案例:学生信息表

制作学生信息表,浏览效果如图 6-1 所示。具体要求如下。
(1)创建一个 6 行 7 列的表格。
(2)设置表格标题——学生信息表。
(3)在表格标记中添加相应文本内容,并用<th>标记为表格设置表头。
(4)通过 CSS 整体控制表格边框样式。
(5)通过 CSS 设置单元格边框样式。

学生信息表

学号	姓名	性别	家庭住址	联系电话	QQ	电子邮箱
2016020101	王红侠	女	山东济宁市	13833345672	642076813	whongx@126.com
2016020102	张军	男	山东昌邑市	13333345676	742076812	zhangjun@163.com
2016020103	刘红	女	山东济南市	15833345662	142056813	liuhong@126.com
2016020104	王国政	男	山东昌乐市	15833345671	532276911	wangguoz@126.com
2016020105	刘大同	男	江苏连云港市	18833345672	942076815	liudatong@126.com

图 6-1　学生信息表浏览效果

6.2 表格相关知识

6.2.1 表格标记

例6-1 在网页上创建图6-2所示的简单表格。文件名为6-1.html，代码如下。

图6-2 简单表格

```
<!DOCTYPE html PUBLIC "-//W3C//DTD XHTML 1.0 Transitional//EN"
"http://www.w3.org/TR/xhtml1/DTD/xhtml1-transitional.dtd">
<html xmlns="http://www.w3.org/1999/xhtml">
<head>
<meta http-equiv="Content-Type" content="text/html; charset=utf-8" />
<title>表格示例一</title>
</head>
<body>
  <h2>学生成绩表</h2>
<table border="1">
 <tr>
   <th>学号</th>
   <th>姓名</th>
   <th>性别</th>
   <th>成绩</th>
 </tr>
 <tr>
   <td>01</td>
   <td>马丽文</td>
   <td>女</td>
   <td>94</td>
 </tr>
 <tr>
   <td>02</td>
   <td>牛涛</td>
   <td>男</td>
   <td>92</td>
```

```
    </tr>
    <tr>
      <td>03</td>
      <td>张军力</td>
      <td>男</td>
      <td>98</td>
    </tr>
  </table>
  <body>
  </body>
</html>
```

通过上面的代码，可以看出创建表格的基本标记有以下几点。

（1）<table></table>：用于定义一个表格。

（2）<tr></tr>：用于定义表格的一行，该标记必须包含在<table>和</table>中，表格有几行，在<table>和</table>中就要有几对<tr></tr>标记。

（3）<th></th>：用于定义表头的单元格，该标记必须包含在<tr>和</tr>中，表头行有几个单元格，在<tr>和</tr>中就要有几对<th></th>标记。该单元格中的文字自动设为粗体、在单元格中居中对齐显示。

（4）<td></td>：用于定义表格的普通单元格，该标记必须包含在<tr>和</tr>中，一行有几个单元格，在<tr>和</tr>中就要有几对<td></td>标记。该单元格中的文字自动设为左对齐显示。

在例 6-1 的代码中，在<table>标记中用到了 border 属性，其作用是给表格添加边框，如果去掉该属性，则表格默认情况下无边框。默认情况下，表格的宽度和高度靠其自身的内容来支撑。如果要进一步设置表格的外观样式，可以设置表格的相关属性来实现。

6.2.2 <table>标记的属性

<table>标记有一系列的属性，用于设置表格的外观，具体如表 6-1 所示。

表 6-1　<table>标记的常用属性

属 性 名	作　　用	属 性 值
border	设置表格的边框	像素
width	设置表格的宽度	像素
height	设置表格的高度	像素
align	设置表格的对齐方式	Left、center、right
bgcolor	设置表格的背景颜色	预定义的颜色值、#RGB、rgb()
background	设置表格的背景图像	URL 地址
cellspacing	设置单元格与单元格之间的空白间距	默认为 2 像素
cellpadding	设置单元格与边框之间的空白间距	默认为 1 像素

例 6-2　网页上创建图 6-3 所示的表格。文件名：6-2.html，代码如下。

图 6-3 设置表格属性后的表格

```html
<!DOCTYPE html PUBLIC "-//W3C//DTD XHTML 1.0 Transitional//EN"
"http://www.w3.org/TR/xhtml1/DTD/xhtml1-transitional.dtd">
<html xmlns="http://www.w3.org/1999/xhtml">
<head>
<meta http-equiv="Content-Type" content="text/html; charset=utf-8" />
<title>表格示例二</title>
</head>
<body>
<h2 align="center">学生成绩表</h2>
<table border="5" align="center" width="400" height="150" bgcolor="#99FFCC"
cellpadding="3" cellspacing="5">
  <tr>
    <th>学号</th>
    <th>姓名</th>
    <th>性别</th>
    <th>成绩</th>
  </tr>
  <tr>
    <td>01</td>
    <td>马丽文</td>
    <td>女</td>
    <td>94</td>
  </tr>
  <tr>
    <td>02</td>
    <td>牛涛</td>
    <td>男</td>
    <td>92</td>
  </tr>
  <tr>
    <td>03</td>
    <td>张军力</td>
    <td>男</td>
```

```
        <td>98</td>
      </tr>
    </table>
    </body>
    </html>
    </html>
```

在例 6-2 的代码中, 在<table>标记中使用 border 属性给表格设置了 5 像素的边框, 使用 align 属性使表格在浏览器中居中对齐, 使用 width 和 height 属性设置了表格的宽度和高度, 使用 bgcolor 设置了背景颜色, 使用 cellpadding 属性设置了 3 像素的边距, 使用 cellspacing 属性设置了 5 像素的间距。

6.2.3 <tr>标记的属性

如果要控制表格一行的样式, 就可以设置<tr>标记的属性, 具体如表 6-2 所示。

表 6-2 <tr>标记的常用属性

属 性 名	作 用	属 性 值
height	设置行的高度	像素
align	设置一行内容的水平对齐方式	Left、center、right
valign	设置一行内容的垂直对齐方式	Top、middle、bottom
bgcolor	设置行的背景颜色	预定义的颜色值、#RGB、rgb()
background	设置行的背景图像	URL 地址

例 6-3 在网页上创建图 6-4 所示的表格。文件名为 6-3.html, 代码如下。 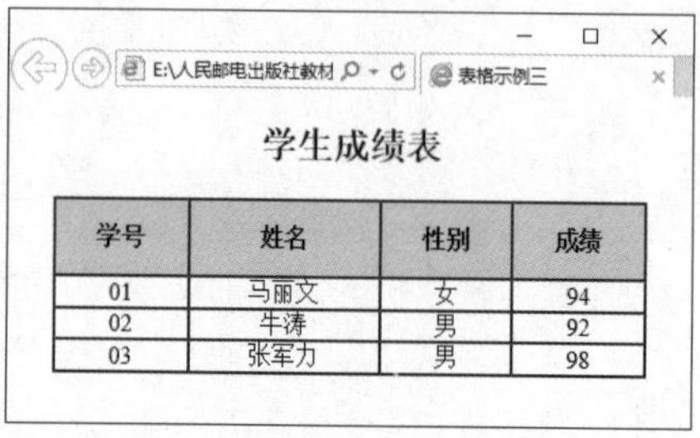

图 6-4 设置行属性后的表格

```
<!DOCTYPE html PUBLIC "-//W3C//DTD XHTML 1.0 Transitional//EN"
"http://www.w3.org/TR/xhtml1/DTD/xhtml1-transitional.dtd">
    <html xmlns="http://www.w3.org/1999/xhtml">
    <head>
    <meta http-equiv="Content-Type" content="text/html; charset=utf-8" />
    <title>表格示例三</title>
    </head>
    <body>
    <h2 align="center">学生成绩表</h2>
    <table    border="1"    align="center"    width="400"    cellpadding="0"
cellspacing="0" >
```

```
<tr height="50" bgcolor="#CCCCCC">
  <th>学号</th>
  <th>姓名</th>
  <th>性别</th>
  <th>成绩</th>
</tr>
<tr align="center">
  <td>01</td>
  <td>马丽文</td>
  <td>女</td>
  <td>94</td>
</tr>
<tr align="center">
  <td>02</td>
  <td>牛涛</td>
  <td>男</td>
  <td>92</td>
</tr>
<tr align="center">
  <td>03</td>
  <td>张军力</td>
  <td>男</td>
  <td>98</td>
</tr>
</table>
</body>
</html>
```

在例6-3的代码中，在<tr>标记中使用height属性给表格第一行设置了50像素的高度，使用bgcolor设置了第一行的背景颜色，使用align属性设置了行中内容的对齐方式为居中对齐。

6.2.4 <th>和<td>标记的属性

在表格制作过程中，有时需要对某一个单元格进行控制，就需要对单元格<th>或<td>标记设置相关属性，具体如表6-3所示。

表6-3 <th>或<td>标记的常用属性

属 性 名	作 用	属 性 值
width	设置单元格的宽度	像素
height	设置单元格的高度	像素
align	设置单元格内容的水平对齐方式	Left、center、right
valign	设置单元格内容的垂直对齐方式	Top、middle、bottom
bgcolor	设置单元格的背景颜色	预定义的颜色值、#RGB、rgb()

属 性 名	作　　用	属 性 值
background	设置单元格的背景图像	URL 地址
colspan	设置单元格合并的列数	正整数
rowspan	设置单元格合并的行数	正整数

例 6-4　在网页上创建图 6-5 所示的表格。文件名为 6-4.html，代码如下。

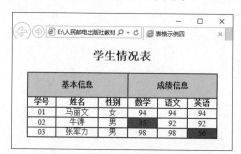

图 6-5　设置单元格属性后的表格

```
<!DOCTYPE html PUBLIC "-//W3C//DTD XHTML 1.0 Transitional//EN"
"http://www.w3.org/TR/xhtml1/DTD/xhtml1-transitional.dtd">
<html xmlns="http://www.w3.org/1999/xhtml">
<head>
<meta http-equiv="Content-Type" content="text/html; charset=utf-8" />
<title>表格示例四</title>
</head>
<body>
  <h2 align="center">学生情况表</h2>
<table    border="1"    align="center"    width="400"    cellpadding="0"
cellspacing="0" >
  <tr height="50" bgcolor="#CCCCCC">
   <th colspan="3">基本信息</th>
   <th colspan="3">成绩信息</th>
  </tr>
  <tr>
   <th>学号</th>
   <th>姓名</th>
   <th>性别</th>
   <th>数学</th>
   <th>语文</th>
   <th>英语</th>
  </tr>
  <tr align="center">
   <td>01</td>
   <td>马丽文</td>
```

```
    <td>女</td>
    <td>94</td>
    <td>94</td>
    <td>94</td>
  </tr>
  <tr align="center">
    <td>02</td>
    <td>牛涛</td>
    <td>男</td>
    <td bgcolor="#FF0000">45</td>
    <td>92</td>
    <td>92</td>
  </tr>
  <tr align="center">
    <td>03</td>
    <td>张军力</td>
    <td>男</td>
    <td>98</td>
    <td>98</td>
    <td bgcolor="#FF0000">56</td>
  </tr>
</table>
</body>
</html>
```

在例 6-4 的代码中，在<th>标记中使用 colspan 属性实现了单元格的合并，使用 bgcolor 设置了两个单元格的背景颜色为红色。

6.2.5 使用 CSS 设置表格样式

本章前面的表格样式都是通过表格标记的相关属性进行设置的，实际上表格的样式也可以通过 CSS 样式来实现，而且通过 CSS 样式设置表格的样式会更灵活、多样。下面举例说明。

例 6-5 将例 6-4 创建的表格使用 CSS 属性设置表格的样式。效果如图 6-6 所示。文件名为 6-5.html，代码如下。

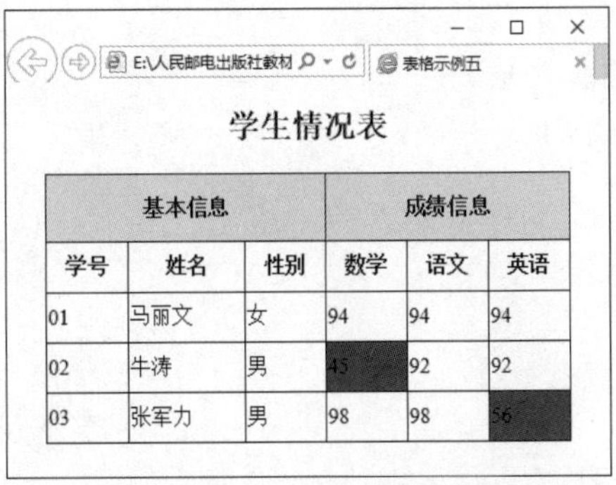

图 6-6 使用 CSS 属性设置表格样式

```
<!DOCTYPE html PUBLIC "-//W3C//DTD XHTML 1.0 Transitional//EN"
"http://www.w3.org/TR/xhtml1/DTD/xhtml1-transitional.dtd">
<html xmlns="http://www.w3.org/1999/xhtml">
<head>
<meta http-equiv="Content-Type" content="text/html; charset=utf-8" />
<title>表格示例五</title>
<style type="text/css">
h2{
    text-align:center;
}
table{
    width:400px;
    height:200px;
    border:1px solid #000;/*设置表格的边框*/
    border-collapse:collapse;/*表格的边框合并*/
    margin:0 auto;
}
th,td{
    border:1px solid #000; /*设置单元格的边框*/
}
.firstLine{ /*设置表格第一行的样式*/
    background:#dedede;
    height:50px;
}
.redTd{ /*设置成绩不及格的单元格的样式*/
    background:#f00;
}
</style>
</head>
<body>
  <h2>学生情况表</h2>
<table>
 <tr class="firstLine">
   <th colspan="3">基本信息</th>
   <th colspan="3">成绩信息</th>
 </tr>
 <tr>
   <th>学号</th>
   <th>姓名</th>
   <th>性别</th>
   <th>数学</th>
   <th>语文</th>
```

```
      <th>英语</th>
    </tr>
    <tr>
      <td>01</td>
      <td>马丽文</td>
      <td>女</td>
      <td>94</td>
      <td>94</td>
      <td>94</td>
    </tr>
    <tr>
      <td>02</td>
      <td>牛涛</td>
      <td>男</td>
      <td class="redTd">45</td>
      <td>92</td>
      <td>92</td>
    </tr>
    <tr>
      <td>03</td>
      <td>张军力</td>
      <td>男</td>
      <td>98</td>
      <td>98</td>
      <td class="redTd">56</td>
    </tr>
</table>
</body>
</html>
```

在例 6-5 的代码中，分别对<table>和<th><td>标记设置了边框样式。使用 border-collapse 属性可以使表格的边框合并，这样可以制作 1 像素的细线表格。对于特殊的行和单元格可以定义类样式来单独设置它们的样式。

6.3 表格案例实现

本节使用前面所学表格知识实现案例学生信息表的制作。

6.3.1 学生信息表的页面结构

分析学生信息表浏览效果图 6-7，该页面由标题和 6 行 7 列的表格构成。标题可以使用<h2>标记，表格使用<table>标记，表格的行使用<tr>标记，单元格使用<th>和<td>标记。表格和单元格的样式使用 CSS 属性来设置。

图 6-7　学生信息表浏览效果

新建一个网页文件，文件名称为 students.html。双击文件 students.html，打开该文件，添加如下页面结构代码。

```
<!DOCTYPE html PUBLIC "-//W3C//DTD XHTML 1.0 Transitional//EN"
"http://www.w3.org/TR/xhtml1/DTD/xhtml1-transitional.dtd">
<html xmlns="http://www.w3.org/1999/xhtml">
<head>
<meta http-equiv="Content-Type" content="text/html; charset=utf-8" />
<title>学生信息表</title>
</head>
<body>
<h3>学生信息表</h3>
<table class="gridtable">
  <tr>
    <th>学号</th>
    <th>姓名</th>
    <th>性别</th>
    <th>家庭住址</th>
    <th>联系电话</th>
    <th>QQ</th>
    <th>电子邮箱</th>
  </tr>
  <tr>
    <td>2016020101</td>
    <td>王红侠</td>
    <td>女</td>
    <td>山东济宁市</td>
    <td>13833345672</td>
    <td>642076813</td>
    <td>whongx@126.com</td>
  </tr>
```

```
    <tr>
      <td>2016020102</td>
      <td>张军</td>
      <td>男</td>
      <td>山东昌邑市</td>
      <td>13333345676</td>
      <td>742076812</td>
      <td>zhangjun@163.com</td>
    </tr>
    <tr>
      <td>2016020103</td>
      <td>刘红</td>
      <td>女</td>
      <td>山东济南市</td>
      <td>15833345662</td>
      <td>142056813</td>
      <td>liuhong@126.com</td>
    </tr>
    <tr>
      <td>2016020104</td>
      <td>王国政</td>
      <td>男</td>
      <td>山东昌乐市</td>
      <td>15833345671</td>
      <td>532276911</td>
      <td>wangguoz@126.com</td>
    </tr>
    <tr>
      <td>2016020105</td>
      <td>刘大同</td>
      <td>男</td>
      <td>江苏连云港市</td>
      <td>18833345672</td>
      <td>942076815</td>
      <td>liudatong@126.com</td>
    </tr>
</table>
</body>
</html>
```

此时浏览网页，效果如图 6-8 所示。

学生信息表

学号	姓名	性别	家庭住址	联系电话	QQ	电子邮箱
2016020101	王红侠	女	山东济宁市	13833345672	642076813	whongx@126.com
2016020102	张军	男	山东昌邑市	13333345676	742076812	zhangjun@163.com
2016020103	刘红	女	山东济南市	15833345662	142056813	liuhong@126.com
2016020104	王国政	男	山东昌乐市	15833345671	532276911	wangguoz@126.com
2016020105	刘大同	男	江苏连云港市	18833345672	942076815	liudatong@126.com

图 6-8　学生信息表结构内容

6.3.2　添加 CSS 样式

添加页面内容后，使用 CSS 内部样式表设置表格各元素样式，样式表代码如下。

```css
<style type="text/css">
h3{
    text-align:center;
}
table.gridtable {
    font-family: verdana,arial,sans-serif;
    font-size:12px;
    color:#333;
    border:1px #666 solid;
    border-collapse: collapse;
    margin:0 auto;
}
table.gridtable th {
    border: 1px solid #666;
    padding: 8px;
    background-color: #dedede;
}
table.gridtable td {
    border: 1px solid #666;
    padding: 8px;
    background-color:#fff;
}
</style>
```

浏览网页，效果如图 6-7 所示。

上述样式表代码中，给表格 table 定义了一个类样式.gridtable,给单元格 th 和 td 分别定义了样式。为了使文字与边框有一定的间隔，还设置了 padding 属性，该属性的作用类似于单元格的 cellpadding 属性。

需要特别说明的是：表格在 Dreamweaver 中可以通过"插入"｜"表格"菜单实现，通过属性窗口设置表格和行及列的属性即可。读者可以自行尝试。

6.4　表单案例：用户注册表

制作用户信息注册表单，浏览效果如图 6-9 所示。具体要求如下。

（1）定义表单域。

（2）使用表格布局表单页面。

（3）使用表单控件定义各输入控件。

（4）使用<input>标记的按钮属性定义确定和取消按钮。

（5）通过 CSS 整体控制表单样式。

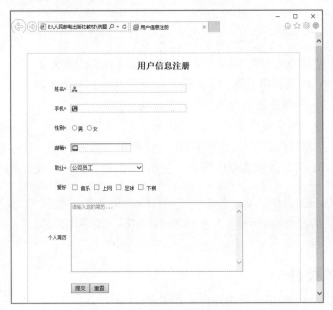

图 6-9　用户信息注册表单浏览效果

6.5　表单相关知识

6.5.1　认识表单

表单是用于实现浏览者与网页制作者之间信息交互的一种网页对象。图 6-10 所示是用户登录信息表单。

图 6-10　用户登录表单浏览效果

表单是允许浏览者进行输入的区域，可以使用表单从客户端收集信息。浏览者在表单中输入信息，然后将这些信息提交给网站服务器，服务器中的应用程序会对这些信息进行处理，并进行响应，这样就完成了浏览者和网站服务器之间的交互。

6.5.2　表单标记

表单是一个包含表单控件的容器，表单控件允许用户在表单中使用表单域输入信息。可以使用<form>标记在网页中创建表单。表单使用<form>标记是成对出现的，在开始标记<form>和结束标记</form>之间的部分就是一个表单。

表单的基本语法及格式如下。

```
<form name="表单名称" action="URL 地址" method="提交方式">
…
</form>
```

<form>标记主要处理表单结果的处理和传送，常用属性的含义如下。

（1）name 属性：给定表单名称，以区分同一个页面中的多个表单。

（2）action 属性：指定处理表单信息的服务器端应用程序。

（3）method 属性：用于设置表单数据的提交方式，其取值为 get 或 post。其中，get 为默认值，这种方式提交的数据将显示在浏览器的地址栏中，保密性差，且有数据量的限制。而 post 方式的保密性好，并且无数据量的限制，使用 method="post"可以大量地提交数据。

 注意

<form>标记的属性并不会直接影响表单的显示效果。要想让一个表单有意义，就必须在<form>与</form>之间添加相应的表单控件。

6.5.3　表单控件

表单中通常包含一个或多个表单控件，如图 6-11 所示。

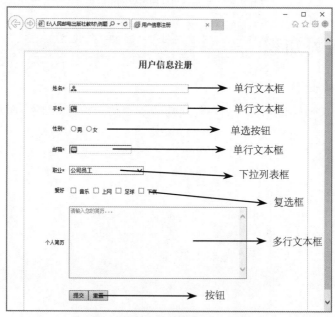

图 6-11　用户信息注册表单中的所有控件

下面讲解表单的常用控件。

1．input 控件

input 控件用于定义文本框、单选按钮、复选框、提交按钮、重置按钮等。其基本语法格式如下。

```
<input type="控件类型" />
```

<input />标记为单标记，type 属性为其最基本的属性，其取值有多种，用于指定不同的控件类型。除了 type 属性之外，<input />标记还可以定义很多其他的属性，其常用属性如表 6-4 所示。

表 6-4　input 控件的常用属性

属　　性	属 性 值	作　　用
type	text	单行文本输入框
	password	密码输入框
	radio	单选按钮
	checkbox	复选框
	button	普通按钮
	submit	提交按钮
	reset	重置按钮
	image	图像形式的提交按钮
	hidden	隐藏域
	file	文件域
name	由用户自定义	控件的名称
value	由用户自定义	input 控件中的默认文本值
size	正整数	input 控件在页面中的显示宽度
readonly	readonly	该控件内容为只读（不能编辑修改）
disabled	disabled	第一次加载页面时禁用该控件（显示为灰色）
checked	checked	定义选择控件默认被选中的项
maxlength	正整数	控件允许输入的最多字符数

2．textarea 控件

当定义 input 控件的 type 属性值为 text 时，可以创建一个单行文本输入框。如果需要输入大量信息，且字数没有限制时，就需要使用<textarea>和</textarea>标记。例如，在用户信息注册表单中，输入个人简历时的控件就是 textarea 控件。其基本语法格式如下。

```
<textarea cols="每行中的字符数" rows="显示的行数">
    文本内容
</textarea>
```

在上面的语法格式中，cols 和 rows 为<textarea>标记的必需属性，其中 cols 用来定义多行文本输入框每行中的字符数，rows 用来定义多行文本输入框显示的行数，它们的取值均为正整数。

各浏览器对 cols 和 rows 属性的理解不同，当对 textarea 控件应用 cols 和 rows 属性时，多行文本输入框在各浏览器中的显示效果可能会有差异。所以在实际工作中，更常用的方法是使用 CSS 的 width 和 height 属性来定义多行文本输入框的宽、高。

3. select 控件

select 控件提供下拉列表选项，供用户进行选择。下拉框通过 select 标记和 option 标记来定义。例如，在用户信息注册表单中，职业的选择项就使用下拉列表实现。其基本语法格式如下。

```
<select>
        <option>选项 1</option>
        <option>选项 2</option>
        <option>选项 3</option>
        ...
</select>
```

在上面的语法中，<select>和</select>标记用于在表单中添加一个下拉菜单，<option>和</option>用于定义下拉菜单中的具体选项，每对<select>和</select>中至少应包含一对<option>和</option>。

可以为<select>和<option>标记定义属性，以改变下拉菜单的外观显示效果，具体如表 6-5 所示。

表 6-5　<select>和<option>标记的常用属性

标 记 名	常用属性	作　　用
<select>	size	指定下拉菜单的可见选项数（取值为正整数）
	multiple	定义 multiple="multiple"时，下拉菜单将具有多项选择的功能，方法为按住 Ctrl 键的同时选择多项
<option>	selected	定义 selected ="selected "时，当前项即为默认选中项

6.5.4　使用 CSS 设置表单样式

本节通过实例说明使用 CSS 设置表单的样式。

例 6-6　创建一个用户登录表单，并使用 CSS 对表单样式进行设置，其效果如图 6-12 所示。文件名为 6-6.html。

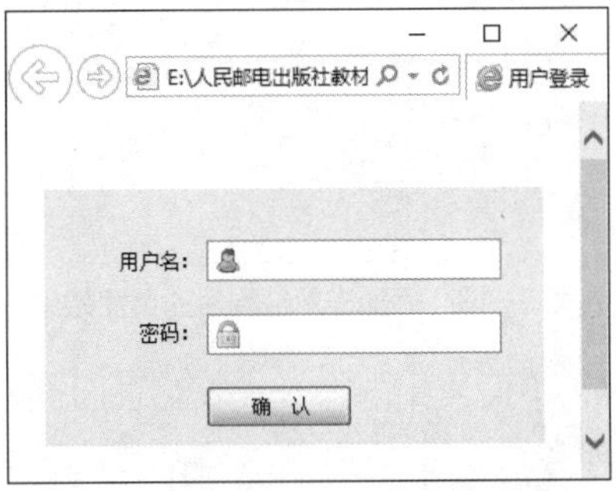

图 6-12　使用 CSS 属性设置表单样式

图 6-12 所示的表单界面功能分为左右两部分，其中左边为表单中的提示信息，右边为具体的表单控件。对于这种排列整齐的界面，可以使用表格进行布局，HTML 结构代码如下。

```html
<!DOCTYPE html PUBLIC "-//W3C//DTD XHTML 1.0 Transitional//EN"
"http://www.w3.org/TR/xhtml1/DTD/xhtml1-transitional.dtd">
<html xmlns="http://www.w3.org/1999/xhtml">
<head>
<meta http-equiv="Content-Type" content="text/html; charset=utf-8" />
<title>用户登录</title>
</head>
<body>
<form action="#" method="post">
    <table class="content">
        <tr>
            <td class="left">用户名: </td>
            <td><input type="text" value="" class="num" /></td>
        </tr>
        <tr>
            <td class="left">密码: </td>
            <td><input type="password" class="pas" /></td>
        </tr>
        <tr>
            <td> </td>
            <td class="btn"><input type="button" value=""/></td>
        </tr>
    </table>
</form>
</body>
</html>
```

在上面的代码中，使用表格对页面进行布局，然后在单元格中添加相应的表单控件，分别用于定义单行文本框、密码输入框和普通按钮。

此时，浏览网页，效果如图 6-13 所示。

图 6-13 添加表单结构后的页面效果

为了使表单界面更加美观，下面使用内部样式表对页面进行修饰，样式表代码如下。

```css
<style type="text/css">
body{
    font-size:12px;
    font-family:"宋体";
}
body,table,form,input{ /*重置浏览器的默认样式*/
    padding:0;
    margin:0;
    border:0;
}
.content{  /*表格的样式*/
    width:300px;
    height:150px;
    padding-top:20px;
    margin:50px auto; /*表格在浏览器中居中*/
    background:#DCF5FA;
}
.left{ /*左侧单元格的样式*/
    width:90px;
    text-align:right;
}
.num,.pas{/*对文本框设置相同的宽、高、边框和内边距*/
    width:152px;
    height:18px;
    border:1px solid #38a1bf;
    padding:2px 2px 2px 22px;
}
.num{ /*定义第一个文本框的背景和文本颜色*/
    background:url(images/1.jpg) no-repeat 5px center #fff;
    color:#999;
}
.pas{ /*定义第二个文本框的背景*/
    background:url(images/2.jpg) no-repeat 5px center #fff;
}
.btn input{/*定义按钮的样式*/
```

```
    width:87px;
    height:24px;
    background:url(images/3.jpg) no-repeat;
}
</style>
```

保存文件，浏览页面，效果如图 6-12 所示。

使用 CSS 可以轻松地控制表单控件的样式，主要体现在控制表单控件的字体、边框、背景和内边距等。

在使用 CSS 控制表单样式时，初学者还需要注意以下几个问题。

（1）由于 form 是块元素，重置浏览器的默认样式时，需要清除其内边距 padding 和外边距 margin。

（2）input 控件默认有边框效果，当使用<input />标记定义各种按钮时，通常需要清除其边框。

（3）通常情况下需要对文本框和密码框设置 2~3 像素的内边距，以使用户输入的内容不会紧贴输入框。

6.6 表单案例实现

本节使用前面所学表格知识实现案例用户信息注册表单的制作。

6.6.1 用户信息注册表单的页面结构

分析用户信息注册表单浏览效果图 6-14，该页面所有内容通过最外层的大盒子来包含，标题可以使用<h2>标记，表单左边的提示信息和右边的表单控件使用表格进行布局。最后使用 CSS 属性对所有元素设置样式。

图 6-14 用户信息注册表单浏览效果

新建一个网页文件，文件名称为 reg.html。双击文件 reg.html，打开该文件，添加如下页面结构代码。

```
<!DOCTYPE html PUBLIC "-//W3C//DTD XHTML 1.0 Transitional//EN"
"http://www.w3.org/TR/xhtml1/DTD/xhtml1-transitional.dtd">
<html xmlns="http://www.w3.org/1999/xhtml">
<head>
<meta http-equiv="Content-Type" content="text/html; charset=utf-8" />
<title>用户信息注册</title>
</head>
<body>
<div id="box">
    <h2 class="header">用户信息注册</h2>
    <form action="#" method="post">
    <table class="content">
        <tr>
            <td class="left">姓名<span class="red">*</span></td>
            <td><input type="text" value="" class="txt01" /></td>
        </tr>
        <tr>
            <td class="left">手机<span class="red">*</span></td>
            <td><input type="text" value="" class="txt02" /></td>
        </tr>
        <tr>
            <td class="left">性别<span class="red">*</span></td>
            <td>
                <label for="boy"><input type="radio" name="sex" id="boy" />
男</label>
                <label     for="girl"><input     type="radio"     name="sex"
id="girl" />女</label>
            </td>
        </tr>
        <tr>
            <td class="left">邮箱<span class="red">*</span></td>
            <td><input type="text" class="txt03" /></td>
        </tr>
        <tr>
            <td class="left">职业<span class="red">*</span></td>
            <td>
                <select class="course">
                    <option>教师</option>
                    <option selected="selected">公司员工</option>
                    <option>工程师</option>
                    <option>自由职业者</option>
                </select>
            </td>
```

```
        </tr>
        <tr>
         <td class="left">爱好</td>
          <td>
            <label for="music"><input type="checkbox" id="music" />
            音乐</label>
            <label         for="internet"><input        type="checkbox"
id="internet" />
            上网</label>
            <label         for="football"><input        type="checkbox"
id="football" />
            足球
            </label>
            <label for="xiaqi"><input type="checkbox" id="xiaqi" />
            下棋</label></td>
        </tr>
        <tr>
         <td class="left">个人简历</td>
          <td><textarea cols="50" rows="5" class="message">请输入您的简
历...</textarea></td>
        </tr>
        <tr>
         <td> </td>
          <td><input type="submit" value="提交"/><input type="reset"
value="重置"/></td>
        </tr>
      </table>
    </form>
  </div>
  </body>
  </html>
```

此时浏览网页，效果如图6-15所示。

图6-15 用户信息注册表单结构内容

6.6.2 添加 CSS 样式

添加页面内容后，使用 CSS 外部样式表文件，文件名称为 style.css。设置各元素样式，样式表代码如下。

```css
body{  /*全局控制*/
    font-size:12px;
    font-family:"宋体";
    color:#515151;
}
body,h2,form,table{ /*重置浏览器的默认样式*/
    padding:0;
    margin:0;
    border:0;
}
#box{    /*控制最外层的大盒子*/
    width:660px;
    height:600px;
    border:1px solid #CCC;
    padding:20px;
    margin:50px auto 0;
}
.header{  /*控制标题*/
    text-align:center;
    font-size:22px;
    color:#0b0b0b;
    padding-bottom:30px;
}
td{  /*控制表单中每行的距离*/
    padding-bottom:26px;
}
td.left{    /*控制表单中的提示信息*/
    width:78px;
    text-align:right;     /*使提示信息右对齐*/
    padding-right:8px;    /*拉开提示信息和表单控件间的距离*/
}
.red{ color:#F00;}         /*控制提示信息中星号的颜色*/
.txt01,.txt02{            /*定义前两个单行文本框相同的样式*/
    width:264px;
    height:12px;
    border:1px solid #CCC;
    padding:3px 3px 3px 26px;
    font-size:12px;
```

```
    color:#949494;
}
.txt01{                    /*定义第一个单行文本框的背景图像*/
    background:url(images/name.png) no-repeat 2px center;
}
.txt02{                    /*定义第二个单行文本框的背景图像*/
    background:url(images/phone.png) no-repeat 2px center;
}
.txt03{                    /*定义第三个单行文本框的样式*/
    width:122px;
    height:12px;
    padding:3px 3px 3px 26px;
    font-size:12px;
    background:url(images/email.png) no-repeat 2px center;
}
.course{
    width:184px; /*定义下拉菜单的宽度*/
}
.message{     /*定义多行文本框的样式*/
    width:432px;
    height:164px;
    font-size:12px;
    color:#949494;
    padding:3px;
}
```

浏览网页，效果如图 6-14 所示。

注意

　　表单在 Dreamweaver 中也可以通过"插入"｜"表单"菜单，再选择"表单"或"文本域"等命令插入表单或表单控件，通过属性窗口设置表单或表单控件的属性。这种方法更快捷、简单。读者可以自行尝试。

本章小结

　　本章介绍了 HTML 中两个重要的元素：表格与表单，主要包括表格相关标记、表单相关标记以及如何使用 CSS 控制表格与表单的样式。本章通过两个典型案例，分别使用表格和表单标记制作了学生信息表和用户信息注册表，并使用 CSS 对表格和表单进行了修饰。

　　通过本章的学习，读者应该能够掌握创建表格与表单的基本语法，学会表格标记的使用，并熟悉常用的表单控件，熟练地运用表格与表单组织页面元素。

习题 6

一、填空题

1. 创建表格的标记是_____，创建表格行的标记是_____，创建表头单元格的标记是_____，创建普通单元格的标记是_____。

2. 设置表格背景颜色的属性是_____，设置表格对齐方式的属性是_____，设置表格边框的属性是_____，设置表格中单元格间距的属性是_____，设置表格中单元格边距的属性是_____。

3. 设置表格中行背景颜色的属性是_____，设置表格中行水平对齐方式的属性是_____。

4. 合并单元格的行的属性是_____，合并单元格的列的属性是_____。

5. 创建表单的标记是_____，<input>控件中，type 属性是_____时创建单行文本框，type 属性是_____时创建密码文本框，type 属性是_____时创建命令按钮。

二、简述题

1. 如何使用 CSS 样式属性设置表格元素的外观？
2. 如何使用 CSS 样式属性设置表单元素的外观？

实训 6

一、实训目的

1. 练习创建表格和表单的各种标记。
2. 掌握表格和表单的 CSS 样式设置方法。

二、实训内容

1. 上机实做本章所有例题。
2. 按照课本 6.3 节和 6.6 节案例步骤制作学生信息表和用户信息注册表单。
3. 使用表格标记制作图 6-16 所示的学生情况表。具体要求如下。

（1）创建一个 4 行 6 列，边框为 1 像素的表格，单元格间距和边距为默认值。

（2）表格的宽度为 350 像素、高度为 150 像素，表格在浏览器中居中显示。

图 6-16　学生情况表

4. 制作图 6-17 所示的不规则表格。具体要求如下。

（1）创建一个 3 行 3 列，边框为 3 像素的表格，边框颜色为#ffaa00。

（2）表格的宽度为 300 像素、高度为 300 像素，表格在浏览器中居中显示。

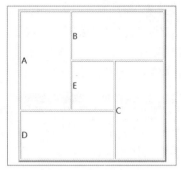

拓展阅读 6-1

图 6-17　不规则表格

5. 制作图 6-18 所示的表格。具体要求如下。

（1）创建一个 8 行 3 列，边框为 5 像素的表格。

（2）合并竖直方向内容相同的单元格，如马刺队、热火队、5 次、3 次。

（3）合并水平方向内容相同的单元格，如比赛解说部分。

（4）为马刺队所属单元格添加背景图片、背景颜色。

（5）为热火队所属单元格添加背景图片、背景颜色。

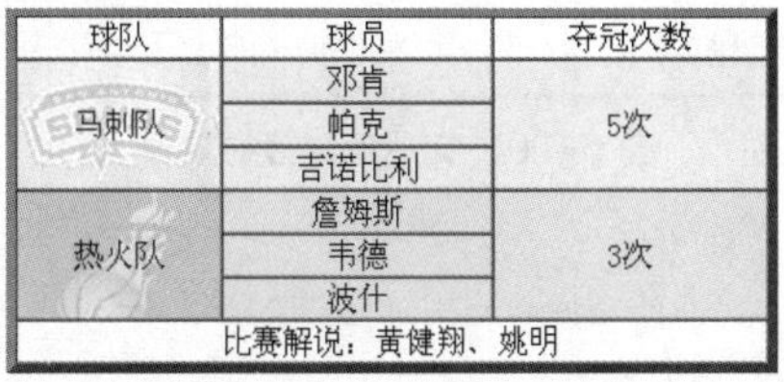

球队	球员	夺冠次数
马刺队	邓肯	5次
	帕克	
	吉诺比利	
热火队	詹姆斯	3次
	韦德	
	波什	
比赛解说：黄健翔、姚明		

图 6-18　NBA 总决赛统计表

6. 制作图 6-19 所示的表格。具体要求如下。

（1）设置<h2>标题：今日小说排行榜。

（2）创建一个 7 行 6 列的表格。

（3）在表格标记中添加相应文本内容，并用<th>标记为表格设置表头。

（4）为水平方向的表头添加背景颜色。

（5）为第三列添加趋势走向图标。

（6）为第六列添加超链接文本。

今日小说排行榜					
排名	关键词	趋势	今日搜索	最近七日	相关链接
1	武动乾坤	◆	623557	4088311	贴吧 图片 百科
2	武动乾坤	◆	623557	4088311	贴吧 图片 百科
3	武动乾坤	◆	623557	4088311	贴吧 图片 百科
4	武动乾坤	◆	623557	4088311	贴吧 图片 百科
5	武动乾坤	◆	623557	4088311	贴吧 图片 百科
6	武动乾坤	◆	623557	4088311	贴吧 图片 百科

图 6-19　今日小说排行榜效果

7. 制作简单的交规考试答卷页面，如图 6-20 所示。具体要求如下。

（1）定义一个名为"交通考试选择题"的<h3>标题。

（2）定义表单域。

（3）使用<p>标记定义单选题的题干。

（4）使用<input>标记的单选按钮属性定义选项。

（5）使用<p>标记定义多选题的题干。

（6）使用<input>标记的复选框属性定义选项。

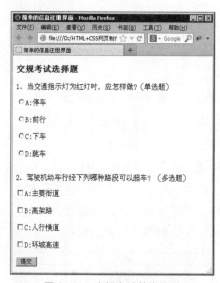

图 6-20　交规考试答卷效果

三、实训总结

拓展阅读 6-2

本书第 4 章到第 6 章的案例都是针对网页中的某个块进行制作，但网页是由多个块构成的。如何将多个块合理地安排到网页上，这就要涉及网页布局的问题。这也是网页制作中最核心的问题。传统网页是采用表格进行布局的，但这种方式已经逐渐淡出设计舞台，取而代之的是符合 Web 标准的 DIV+CSS 布局方式。本章将详细介绍元素的浮动与定位，常用的 DIV+CSS 布局方式等内容。

本章学习目标（含素养要点）如下：

● 理解元素的浮动属性；

● 掌握元素的各种定位方法；

● 掌握常用的 DIV+CSS 布局方式（职业素养、美学素养）。

7.1　案例：学院网站主页布局

根据学院网站主页效果图，对主页的布局进行划分，如图 7-1 所示。创建网页，对学院网站的主页进行布局。布局浏览效果如图 7-2 所示。具体要求如下。

（1）网页的宽度为 1000 像素。

（2）页面顶部块：宽度为 1000 像素，高度为 140 像素。

（3）导航栏块：宽度为 1000 像素，高度为 36 像素。

（4）滚动文字栏块：宽度为 1000 像素，高度为 30 像素。

（5）主体部分左侧块：宽度为 280 像素，高度为 482 像素。

（6）主体部分中间块：宽度为 460 像素，高度为 482 像素。

图 7-1　学院网站主页划分布局块

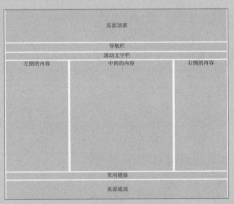

图 7-2　布局页面浏览效果

（7）主体部分右侧块：宽度为 240 像素，高度为 482 像素。

（8）常用链接块：宽度为 1000 像素，高度为 30 像素。

（9）页面底部块：宽度为 1000 像素，高度为 80 像素。

（10）各个块之间有适当间隔。

7.2　知识准备

7.2.1　元素的浮动

通过图 7-1 可以看到学院网站主页主体部分的三个块，需要从左到右依次排列。但默认情况下，网页中的块元素会以标准流的方式进行排列，即将块元素从上到下一一罗列。但在网页实际排版时，有时需要将块元素进行水平排列，这就需要为元素设置浮动属性。

所谓元素的浮动是指设置了浮动属性的元素会脱离标准流的控制，移动到指定位置。在 CSS 中，通过 float 属性来设置左浮动或右浮动。其语法格式如下。

选择器{float:left|right|none;}

设为 left 或 right，使浮动的元素可以向左或向右移动，直到它的外边缘碰到父元素或另一个浮动元素的边框为止。若不设置 float 属性，则 float 属性值默认为 none，即不浮动。

例 7-1　在网页中定义两个盒子，文件名：7-1.html，代码如下。

```
<!DOCTYPE html PUBLIC "-//W3C//DTD XHTML 1.0 Transitional//EN" "http://www.
w3.org/TR/xhtml1/DTD/xhtml1-transitional.dtd">
<html xmlns="http://www.w3.org/1999/xhtml">
<head>
<meta http-equiv="Content-Type" content="text/html; charset=utf-8" />
<title>盒子的浮动</title>
<style type="text/css">
#one{        /*定义第一个盒子的样式*/
    width:300px;
    height:200px;
    background-color:#0FF;
}
#two{        /*定义第二个盒子的样式*/
    width:300px;
    height:200px;
    background-color:#FF8040;
}
</style>
</head>
<body>
<div id="one"></div>
<div id="two"></div>
</body>
</html>
```

此时浏览网页，效果如图7-3所示。

图 7-3　没有设置浮动时的效果

在例7-1中，两个盒子都没有设置float属性时，盒子自上而下排列。如图7-3所示。
若给每个盒子添加浮动属性：

```
#one,#two{float:left;}
```

则此时浏览效果如图7-4所示。设置浮动属性后，盒子水平排列。

图 7-4　设置浮动时的效果

浮动元素不再占用原文档流的位置，它会对页面中其他元素的排版产生影响。下面举例
说明。

例7-2　在网页中定义两个盒子,在盒子下面再显示一段段落文字。文件名称为7-2.html,
代码如下。

```
<!DOCTYPE html PUBLIC "-//W3C//DTD XHTML 1.0 Transitional//EN"
"http://www.w3.org/TR/xhtml1/DTD/xhtml1-transitional.dtd">
<html xmlns="http://www.w3.org/1999/xhtml">
<head>
<meta http-equiv="Content-Type" content="text/html; charset=utf-8" />
<title>盒子的浮动</title>
<style type="text/css">
#one{        /*定义第一个盒子的样式*/
    width:300px;
```

142

```
    height:200px;
    background-color:#0FF;
}
#two{        /*定义第二个盒子的样式*/
    width:300px;
    height:200px;
    background-color:#FF8040;
}
</style>
</head>
<body>
<div id="one"></div>
<div id="two"></div>
<p>这里是段落文字，这里是段落文字，这里是段落文字，这里是段落文字，这里是段落文字，这里
是段落文字，这里是段落文字，这里是段落文字，这里是段落文字，这里是段落文字，这里是段落文字，
这里是段落文字，这里是段落文字，这里是段落文字，这里是段落文字，这里是段落文字，这里是段落文
字，这里是段落文字，这里是段这里是段落文字，这里是段落文字，这里是段落文字，这里是段落文字，
这里是段落文字，这里是段落文字，这里是段落文字，这里是段落文字，这里是段落文字，这里是段落文
字，这里是段落文字，这里是段落文字，这里是段落文字，这里是段落文字，这里是段落文字，这里是段
落文字，这里是段落文字，这里是段落文字。
</p>
</body>
</html>
```

浏览网页，效果如图 7-5 所示。

图 7-5　不设置浮动时的效果

可以看出，此时网页中的元素按标准流的方式自上而下排列。若给两个盒子添加浮动属性：
```
#one,#two{float:left;} /*设置左浮动*/
```
则会形成文字与块环绕的效果，如图 7-6 所示。

图 7-6　段落文字与块环绕的效果

若要图 7-6 中段落的文字按原文档流的方式显示，即不受前面浮动元素的影响，则需要清除浮动。在 CSS 中，使用 clear 属性清除浮动，其语法格式如下。

选择器{clear:left|right|both;}

其中，值为 left 时，清除左侧浮动的影响；值为 right 时，清除右侧浮动的影响；值为 both时，同时清除左右两侧浮动的影响。其中，最常用的属性值是 both。

若继续在例 7-2 中添加如下样式代码。

p{clear:both;} /*清除浮动的影响*/

此时浏览网页，效果如图 7-7 所示。

图 7-7　清除浮动后的效果

需要注意的是，clear 属性只能清除元素左右两侧浮动的影响，但是在制作网页时，经常会遇到一些特殊的浮动影响。例如，对子元素设置浮动时，如果不对其父元素定义高度，则子元素的浮动会对父元素产生影响，下面举例说明。

例 7-3　在网页中定义一个大盒子，在其中包含两个子盒子。文件名称为 7-3.html，代码如下。

```
<!DOCTYPE html PUBLIC "-//W3C//DTD XHTML 1.0 Transitional//EN"
"http://www.w3.org/TR/xhtml1/DTD/xhtml1-transitional.dtd">
<html xmlns="http://www.w3.org/1999/xhtml">
<head>
<meta http-equiv="Content-Type" content="text/html; charset=utf-8" />
<title>盒子的浮动</title>
```

```
<style type="text/css">
#box{  /*定义大盒子的样式，不设置高度*/
    width:700px;
    background:#9F0;
}
#one{       /*定义子盒子的样式*/
    width:300px;
    height:200px;
    background-color:#0FF;
    float:left;  /*设置左浮动*/
    margin:10px;
}
#two{       /*定义子盒子的样式*/
    width:300px;
    height:200px;
    background-color:#FF8040;
    float:left;  /*设置左浮动*/
    margin:10px;
}
</style>
</head>
<body>
<div id="box">
 <div id="one"></div>
 <div id="two"></div>
</div>
</body>
</html>
```

浏览网页，效果如图7-8所示。

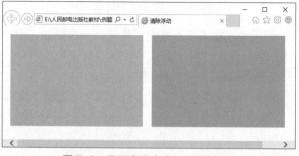

图7-8　子元素浮动对父元素的影响

从图7-8可以看出，此时没有看到父元素。也就是说子元素设置浮动后，由于父元素没有设置高度，受子元素浮动的影响，所以父元素没有显示。

子元素和父元素为嵌套关系，不存在左右位置，所以使用clear属性并不能清除子元素浮动对父元素的影响。那如何使父元素适应子元素的高,并进行显示呢?最简单的方法是使用 overflow 属性清除浮动。代码如下。

```html
<!DOCTYPE html PUBLIC "-//W3C//DTD XHTML 1.0 Transitional//EN" "http://www.
w3.org/TR/xhtml1/DTD/xhtml1-transitional.dtd">
<html xmlns="http://www.w3.org/1999/xhtml">
<head>
<meta http-equiv="Content-Type" content="text/html; charset=utf-8" />
<title>清除浮动</title>
<style type="text/css">
#box{ /*定义大盒子的样式*/
    width:700px;
    background:#9F0;
    overflow:hidden; /*清除浮动,使父元素适应子元素的高*/
}
#one{      /*定义子盒子的样式*/
    width:300px;
    height:200px;
    background-color:#0FF;
    float:left; /*设置左浮动*/
    margin:10px;
}
#two{      /*定义子盒子的样式*/
    width:300px;
    height:200px;
    background-color:#FF8040;
    float:left; /*设置左浮动*/
    margin:10px;
}
</style>
</head>
<body>
<div id="box">
 <div id="one"></div>
 <div id="two"></div>
</div>
</body>
</html>
```

此时浏览网页,效果如图 7-9 所示。

在图 7-9 中,父元素又被子元素撑开,即子元素浮动对父元素的影响已经被清除。

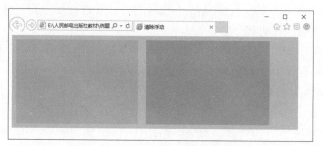

图 7-9　使用 overflow 属性清除浮动

7.2.2　元素的定位

前面已经知道，元素设置浮动属性后，可以使元素灵活地排列，但却无法对元素的位置进行精确控制。使用元素的定位等相关属性可以对元素进行精确定位。

1. 元素的定位属性

（1）定位方式。

在 CSS 中，position 属性用于定义元素的定位方式，其常用语法格式如下。

```
选择器{position:static|relative|absolute;}
```

说明

① static：静态定位，默认定位方式。
② relative：相对定位，相对于其原文档流的位置进行定位。
③ absolute：绝对定位，相对于其上一个已经定位的父元素进行定位。

（2）确定元素位置。

position 属性仅仅用于定义元素以哪种方式定位，并不能确定元素的具体位置。在 CSS 中，通过 left、right、top、bottom4 个属性来精确定位元素的位置。

① left：定义元素相对于其父元素左边线的距离。
② right：定义元素相对于其父元素右边线的距离。
③ top：定义元素相对于其父元素上边线的距离。
④ bottom：定义元素相对于其父元素下边线的距离。

2. 静态定位

静态定位（static）是元素的默认定位方式，是各个元素按照标准流（包括浮动方式）进行定位。在静态定位状态下，无法通过 left、right、top、bottom 4 个属性来改变元素的位置。

例 7-4　静态定位示例。在网页中定义一个大盒子，在其中包含 3 个子盒子。文件名称为 7-4.html，代码如下。

```
<!DOCTYPE html PUBLIC "-//W3C//DTD XHTML 1.0 Transitional//EN" "http://www.
w3.org/TR/xhtml1/DTD/xhtml1-transitional.dtd">
<html xmlns="http://www.w3.org/1999/xhtml">
<head>
<meta http-equiv="Content-Type" content="text/html; charset=utf-8" />
<title>静态定位</title>
<style type="text/css">
#box{  /*定义大盒子的样式*/
```

```
    width:400px;
    height:400px;
    background:#CCC;
}
#one,#two,#three{        /*定义子盒子的样式*/
    width:100px;
    height:100px;
    background-color:#0FF;
    border:1px solid #333;
}
</style>
</head>
<body>
<div id="box">
 <div id="one">one</div>
 <div id="two">two</div>
 <div id="three">three</div>
</div>
</body>
</html>
```

浏览网页，效果如图 7-10 所示。

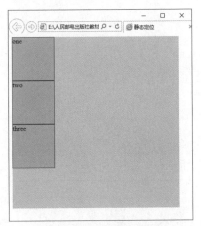

图 7-10　静态定位效果

在图 7-10 中，所有元素都采用静态定位，即按标准流的方式定位。

3．相对定位

采用相对定位的元素会相对于自身原本的位置，通过偏移指定的距离，到达新的位置。其中，水平方向的偏移量由 left 或 right 属性指定；竖直方向的偏移量由 top 和 bottom 属性指定。

　　例 7-5　相对定位示例。在网页中定义一个大盒子，在其中包含三个子盒子，对第二个盒子进行定位。文件名称为 7-5.html，代码如下。

```
<!DOCTYPE html PUBLIC "-//W3C//DTD XHTML 1.0 Transitional//EN" "http://www.
w3.org/TR/xhtml1/DTD/xhtml1-transitional.dtd">
```

```html
<html xmlns="http://www.w3.org/1999/xhtml">
<head>
<meta http-equiv="Content-Type" content="text/html; charset=utf-8" />
<title>相对定位</title>
<style type="text/css">
#box{ /*定义大盒子的样式*/
    width:400px;
    height:400px;
    background:#CCC;
}
#one,#two,#three{  /*定义子盒子的样式*/
    width:100px;
    height:100px;
    background-color:#0FF;
    border:1px solid #333;
}
#two{
    position:relative; /*设置相对定位*/
    left:30px;
    top:30px;
}
</style>
</head>
<body>
<div id="box">
 <div id="one">one</div>
 <div id="two">two</div>
 <div id="three">three</div>
</div>
</body>
</html>
```

浏览网页，效果如图 7-11 所示。

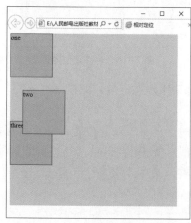

图 7-11　相对定位效果

在图 7-11 中，第二个子元素采用相对定位，可以看出该元素相对于其自身原来的位置，向下向右各偏移了 30 像素。但是它在文档流中的位置仍然保留。

4. 绝对定位

采用绝对定位的元素是将元素依据最近的已经定位（相对或绝对定位）的父元素进行定位，若所有父元素都没有定位，则依据 body 元素（浏览器窗口）进行定位。

例 7-6　绝对定位示例。在网页中定义一个大盒子，在其中包含三个子盒子，对第二个盒子进行绝对定位。文件名称为 7-6.html，代码如下。

```
<!DOCTYPE html PUBLIC "-//W3C//DTD XHTML 1.0 Transitional//EN" "http://www.
w3.org/TR/xhtml1/DTD/xhtml1-transitional.dtd">
<html xmlns="http://www.w3.org/1999/xhtml">
<head>
<meta http-equiv="Content-Type" content="text/html; charset=utf-8" />
<title>绝对定位</title>
<style type="text/css">
#box{ /*定义大盒子的样式*/
    width:400px;
    height:400px;
    background:#CCC;
    position:relative;  /*设置相对定位*/
}
#one,#two,#three{        /*定义子盒子的样式*/
    width:100px;
    height:100px;
    background-color:#0FF;
    border:1px solid #333;
}
#two{      /*定义第二个子盒子的样式*/
    position:absolute; /*设置绝对定位*/
    right:0;
    bottom:0;
}
</style>
</head>
<body>
<div id="box">
 <div id="one">one</div>
 <div id="two">two</div>
 <div id="three">three</div>
</div>
</body>
</html>
```

浏览网页，效果如图 7-12 所示。

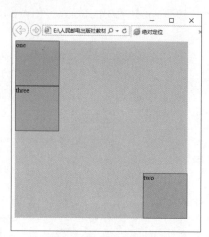

图 7-12　绝对定位效果

在例 7-6 中，对父元素设置相对定位，但不对其设置偏移量，同时，对子元素 two 设置绝对定位，并通过 right 和 bottom 属性设置其精确位置。这种方法在实际网页制作中被经常使用。如果在例 7-6 中，去掉 box 盒子的 position:relative;属性设置，那么子元素 two 将相对于浏览器窗口进行定位，并位于浏览器窗口的右下角。

绝对定位的元素从标准流中脱离，不再占用标准文档流中的空间。

下面再通过实例说明绝对定位的使用。

例 7-7　绝对定位应用。使用绝对定位制作第 5 章学院新闻块案例中的"MORE>>"的样式，如图 7-13 所示。文件名称为 7-7.html。

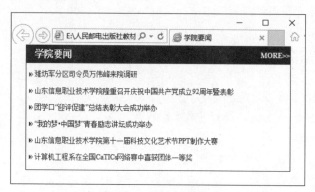

图 7-13　绝对定位应用

分析：在第 5 章制作该案例时，是将"MORE>>"字样所在的 span 标记设置了 padding-left 属性，将其位于标题行的右侧。这样的做法只是权宜之计，padding-left 属性值的大小并不能精确确定。实际上，此处可以对"MORE>>"字样所在的 span 标记使用绝对定位。标题行作为父元素，可以设置相对定位；"MORE>>"元素作为其中的子元素，设置绝对定位。

代码如下。

```
<!DOCTYPE html PUBLIC "-//W3C//DTD XHTML 1.0 Transitional//EN"
"http://www.w3.org/TR/xhtml1/DTD/xhtml1-transitional.dtd">
<html xmlns="http://www.w3.org/1999/xhtml">
<head>
```

```
<meta http-equiv="Content-Type" content="text/html; charset=utf-8" />
<title>学院要闻</title>
<style type="text/css">
body,h2,ul,li{ /*设置元素的初始属性*/
    margin:0;
    padding:0;
    list-style:none; /*设置列表无项目符号图像*/
}
#news{ /*设置新闻块的样式*/
    width:460px;
    height:211px;
    margin: 0 auto;
    border:1px solid #036;
}
#news h2{ /*设置标题行的样式*/
    width:445px;
    height:30px;
    line-height:30px;
    color:#fff;
    font-size:16px;
    background:#036;
    padding-left:15px;
    position:relative; /*设置相对定位*/
}
#news h2 span{
    position:absolute; /*设置绝对定位*/
    right:0;
    top:0;
}
#news h2 span a{ /*设置标题右侧超链接文字的样式*/
    color:#FFF;
    font-size:12px;
    text-decoration:none;
}
#news ul{
padding:5px;
    width:450px;
    height:171px;
}
#news ul li{
    padding-left:10px;
 width:440px;
```

```
    height:28px;
    line-height:28px;
    background:url(images/arror2.gif) no-repeat left center;
}
#news ul li a{ /*设置列表项超链接文字的样式*/
    font-size:12px;
    color:#333;
    text-decoration:none;
}
#news ul li a:hover{ /*设置鼠标悬停时超链接文字样式*/
    color:#c00;
    text-decoration:underline;
}
</style>
</head>
<body>
 <div id="news">
    <h2>学院要闻<span><a href="#">MORE>></a></span></h2>
    <ul>
     <li><a href="#">潍坊军分区司令员万伟峰来院调研</a></li>
     <li><a href="#">山东信息职业技术学院隆重召开庆祝中国共产党成立 92 周年暨表彰
</a></li>
     <li><a href="#">团学口"迎评促建"总结表彰大会成功举办</a></li>
     <li><a href="#">"我的梦·中国梦"青春励志讲坛成功举办</a></li>
     <li><a href="#">山东信息职业技术学院第十一届科技文化艺术节 PPT 制作大赛
</a></li>
     <li><a href="#">计算机工程系在全国 CaTICs 网络赛中喜获团体一等奖</a></li>
    </ul>
  </div>
</body>
</html>
```

浏览网页，效果如图 7-13 所示。"MORE>>"通过绝对定位位于了标题行的右侧。

7.2.3 DIV+CSS 布局

DIV+CSS 布局首先将页面在整体上进行 DIV 分块，然后对各个块进行 CSS 定位，最后再在各个块中添加相应的内容。常用的 DIV+CSS 布局方式有单列布局、二列布局、三列布局和通栏布局等，网页的整体宽度一般采用 960 像素、980 像素和 1000 像素等。下面分别对常用网页的布局方式进行介绍。

1．单列布局

将页面上的块从上到下依次排列，即单列布局。

例 7-8　将页面进行单列布局，效果图如图 7-14 所示。文件名称为 7-8.html。

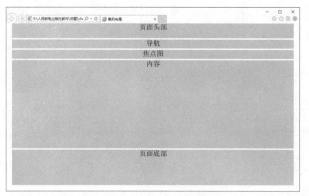

图 7-14　单列布局效果

从图 7-14 可以看出，这个页面从下到下分别为页面头部、导航、焦点图、内容和页面底部，每个块单独占一行，宽度相等，都为 980px。

页面的 HTML 结构代码如下。

```html
<!DOCTYPE html PUBLIC "-//W3C//DTD XHTML 1.0 Transitional//EN"
"http://www.w3.org/TR/xhtml1/DTD/xhtml1-transitional.dtd">
<html xmlns="http://www.w3.org/1999/xhtml">
<head>
<meta http-equiv="Content-Type" content="text/html; charset=utf-8" />
<title>单列布局</title>
<link href="style1.css" rel="stylesheet" type="text/css" />
</head>
<body>
<div id="header">页面头部</div>
<div id="nav">导航</div>
<div id="banner">焦点图</div>
<div id="content">内容</div>
<div id="footer">页面底部</div>
</body>
</html>
```

创建外部样式表文件 style1.css，代码如下。

```css
/* CSS Document */
body{margin:0;padding:0;font-size:24px;text-align:center;}
#header{                        /*页面头部*/
    width:980px;
    height:50px;
    background-color:#ccc;
    margin:0 auto;              /*块居中显示*/
}
#nav{                           /*导航*/
    width:980px;
    height:30px;
```

```
        background-color:#ccc;
        margin:5px auto;      /*块居中显示，且上、下外边距为 5px*/
}
#banner{                        /*焦点图*/
        width:980px;
        height:80px;
        background-color:#ccc;
        margin:0 auto;
}
#content{                       /*内容*/
        width:980px;
        height:300px;
        background-color:#ccc;
        margin:5px auto;
}
#footer{                        /*页面底部*/
        width:980px;
        height:120px;
        background-color:#ccc;
        margin:0 auto;
}
```

浏览网页，效果如图 7-14 所示。

通常给块定义 ID 名称时，都会遵循一些常用的命名规范。示例中的命名便是按照命名规范而起的名字。

2．二列布局

一列布局虽然统一、有序，但会让人觉得呆板，所以实际网页制作中，会采用两列布局。两列布局实际上是将中间内容分成左、右两部分。

例 7-9　将页面进行二列布局，效果如图 7-15 所示。文件名称为 7-9.html。

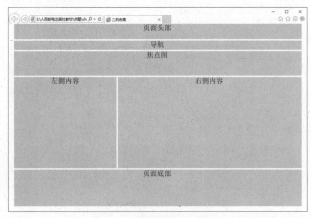

图 7-15　二列布局效果

从图 7-15 可以看出，中间内容块被分成了左、右两部分，布局时应将左、右两个块放在中间的大块中，然后对左、右两个块分别设置浮动。页面的 HTML 结构代码如下。

```
<!DOCTYPE html PUBLIC "-//W3C//DTD XHTML 1.0 Transitional//EN"
"http://www.w3.org/TR/xhtml1/DTD/xhtml1-transitional.dtd">
<html xmlns="http://www.w3.org/1999/xhtml">
<head>
<meta http-equiv="Content-Type" content="text/html; charset=utf-8" />
<title>二列布局</title>
<link href="style2.css" rel="stylesheet" type="text/css" />
</head>
<body>
<div id="header">页面头部</div>
<div id="nav">导航</div>
<div id="banner">焦点图</div>
<div id="content">
  <div id="left">左侧内容</div>
  <div id="right">右侧内容</div>
</div>
<div id="footer">页面底部</div>
</body>
</html>
```

创建外部样式表文件 style2.css，代码如下。

```
/* CSS Document */
body{margin:0;padding:0;font-size:24px;text-align:center;}
#header{                        /*页面头部*/
    width:980px;
    height:50px;
    background-color:#ccc;
    margin:0 auto;
}
#nav{                           /*导航*/
    width:980px;
    height:30px;
    background-color:#ccc;
    margin:5px auto;
}
#banner{                        /*焦点图*/
    width:980px;
    height:80px;
    background-color:#ccc;
    margin:0 auto;
```

```
    }
    #content{                                /*内容*/
        width:980px;
        height:300px;
        margin:5px auto;
        overflow:hidden;                     /*清除子元素浮动对父元素的影响*/
    }
    #left{                                   /*左侧内容*/
        width:350px;
        height:300px;
        background-color:#ccc;
        float:left;                          /*左浮动*/
    }
    #right{                                  /*右侧内容*/
        width:625px;
        height:300px;
        background-color:#ccc;
        float:right;                         /*右浮动*/
    }
    #footer{                                 /*页面底部*/
        width:980px;
        height:120px;
        background-color:#ccc;
        margin:0 auto;
    }
```

浏览网页，效果如图 7-15 所示。

注意　　上面代码中，右边的块#right 块设置了右浮动，实际上也可以设置左浮动，但设置左浮动的话，就需要设置 margin-left 属性使其与左边的块#left 间隔一定的距离，最终效果是一样的。读者可以自行尝试。

3．三列布局

对于内容比较多的网站，有时需要采用三列布局。三列布局实际上是将中间内容分成左、中、右三部分。

例 7-10　将页面进行三列布局，效果如图 7-16 所示。文件名称为 7-10.html。

从图 7-16 可以看出，中间内容块被分成了左、中、右三部分，布局时应将左、中、右三个小块放在中间的大块中，然后对左、中、右三个块分别设置浮动。页面的 HTML 结构代码如下。

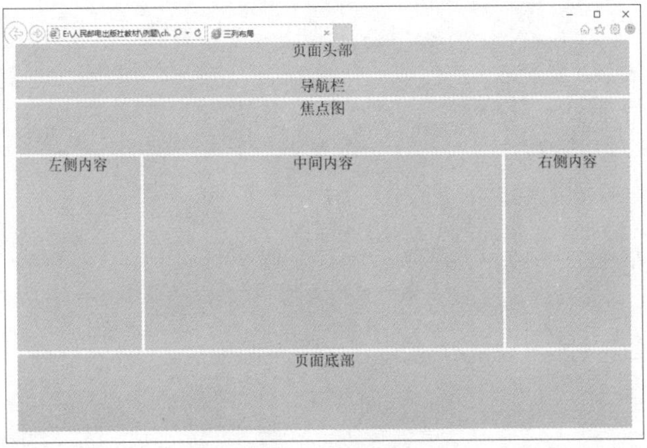

图 7-16 三列布局效果

```
<!DOCTYPE html PUBLIC "-//W3C//DTD XHTML 1.0 Transitional//EN"
"http://www.w3.org/TR/xhtml1/DTD/xhtml1-transitional.dtd">
<html xmlns="http://www.w3.org/1999/xhtml">
<head>
<meta http-equiv="Content-Type" content="text/html; charset=utf-8" />
<title>三列布局</title>
<link href="style3.css" rel="stylesheet" type="text/css" />
</head>
<body>
<div id="header">页面头部</div>
<div id="nav">导航栏</div>
<div id="banner">焦点图</div>
<div id="content">
  <div id="left">左侧内容</div>
  <div id="middle">中间内容</div>
  <div id="right">右侧内容</div>
</div>
<div id="footer">页面底部</div>
</body>
</html>
```

创建外部样式表文件 style3.css，代码如下。

```
/* CSS Document */
body{margin:0;padding:0;font-size:24px;text-align:center;}
#header{                        /*页面头部*/
    width:980px;
    height:50px;
    background-color:#ccc;
    margin:0 auto;
}
#nav{                           /*导航*/
```

```
        width:980px;
        height:30px;
        background-color:#ccc;
        margin:5px auto;
    }
    #banner{                        /*焦点图*/
        width:980px;
        height:80px;
        background-color:#ccc;
        margin:0 auto;
    }
    #content{                       /*内容*/
        width:980px;
        height:300px;
        margin:5px auto;
        overflow:hidden;            /*清除子元素浮动对父元素的影响*/
    }
    #left{                          /*左侧内容*/
        width:200px;
        height:300px;
        background-color:#ccc;
        float:left;                 /*左浮动*/
    }
    #middle{                        /*中间内容*/
        width:570px;
        height:300px;
        background-color:#ccc;
        float:left;                 /*左浮动*/
        margin:0 5px;
    }
    #right{                         /*右侧内容*/
        width:200px;
        height:300px;
        background-color:#ccc;
        float:right;                /*右浮动*/
    }
    #footer{                        /*页面底部*/
        width:980px;
        height:120px;
        background-color:#ccc;
        margin:0 auto;
    }
```

很多浏览器在显示未指定 width 属性的浮动元素时会出现 Bug。所以，一定要为浮动的元素指定 width 属性。

实际上，学院网站主页布局时就采用了三列布局的方式。

4．通栏布局

现在很多流行的网站采用通栏布局，即网页中的一些模块，如头部、导航或页面底部等经常需要通栏显示。也就是说这些模块无论页面放大或缩写，模块的宽度始终保持与浏览器一样的宽度。如图 7-17 所示。

在图 7-17 中，导航栏和页面底部为通栏显示，它们与浏览器的宽度保持一致。通栏布局的关键在于在通栏模块的外面添加一层 div，并且将该层 div 的宽度设置为 100%。

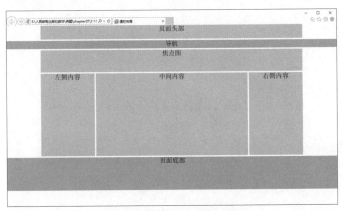

图 7-17　通栏布局效果

例 7-11　将页面进行通栏布局，效果如图 7-17 所示，导航和页面底部的宽度与浏览器一样宽，而内容的宽度为 980px，文件名称为 7-11.html。页面的 HTML 结构代码如下。

```
<!DOCTYPE html PUBLIC "-//W3C//DTD XHTML 1.0 Transitional//EN"
"http://www.w3.org/TR/xhtml1/DTD/xhtml1-transitional.dtd">
<html xmlns="http://www.w3.org/1999/xhtml">
<head>
<meta http-equiv="Content-Type" content="text/html; charset=utf-8" />
<title>通栏布局</title>
<link href="style4.css" rel="stylesheet" type="text/css" />
</head>
<body>
<div id="header">页面头部</div>
<div id="navWrap">
  <div id="nav">导航</div>
</div>
<div id="banner">焦点图</div>
<div id="content">
  <div id="left">左侧内容</div>
  <div id="middle">中间内容</div>
```

```
    <div id="right">右侧内容</div>
</div>
<div id="footerWrap">
 <div id="footer">页面底部</div>
</div>
</body>
</html>
```

创建外部样式表文件 style4.css，代码如下。

```
/* CSS Document */
body{margin:0;padding:0;font-size:24px;text-align:center;}
#header{                         /*页面头部*/
    width:980px;
    height:50px;
    background-color:#ccc;
    margin:0 auto;
}
#navWrap{                        /*导航外面的环绕块*/
    width:100%;
    height:30px;
    background-color:#0FF;
    margin:5px auto;
}
#nav{                            /*导航*/
    width:980px;
    height:30px;
    background-color:#0FF;
    margin:0px auto;
}
#banner{                         /*焦点图*/
    width:980px;
    height:80px;
    background-color:#ccc;
    margin:0 auto;
}
#content{                        /*内容*/
    width:980px;
    height:300px;
    margin:5px auto;
    overflow:hidden;                 /*清除浮动的影响*/
}
#left{                           /*左侧内容*/
    width:200px;
```

```
        height:300px;
        background-color:#ccc;
        float:left;                          /*左浮动*/
    }
    #middle{                                /*左侧内容*/
        width:570px;
        height:300px;
        background-color:#ccc;
        margin:0 5px;
        float:left;                          /*左浮动*/
    }
    #right{                                  /*右侧内容*/
        width:200px;
        height:300px;
        background-color:#ccc;
        float:right;                         /*右浮动*/
    }
    #footerWrap{                            /*页面底部外面的环绕块*/
        width:100%;
        height:120px;
        background-color:#0FF;
        margin:0px auto;
    }
    #footer{                                 /*页面底部*/
        width:980px;
        height:120px;
        background-color:#0FF;
        margin:0 auto;
    }
```

注意　　在上面的代码中，导航和页面底部要设置通栏的宽度时，之所以要用大块包含子块，是因为导航和页面底部的内容仍然要在浏览器中居中显示，为了方便样式设置，要把内容放入子块中。

本教材第 10 章将介绍的发电设备公司网站就是采用了通栏布局。

前面所讲的布局是网页中的基本布局，实际上，在设计网站时需要综合运用这几种布局，实现各种各样的网页布局样式。

7.3　案例实现

本案例新建一个网页文件，在文件中首先定义页面布局的结构，然后再定义各个布局块的样式。

7.3.1 制作页面结构

分析学院网站主页布局页面效果图 7-18，该页面是典型的三列布局。通过前面介绍的三列布局方式，我们先制作该页面的结构。

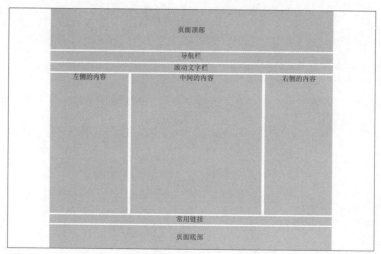

图 7-18 学院网站布局页面浏览效果

新建一个网页文件，文件名称为 index.html。双击文件 index.html，打开该文件，添加如下页面结构代码。

```
<!DOCTYPE html PUBLIC "-//W3C//DTD XHTML 1.0 Transitional//EN"
"http://www.w3.org/TR/xhtml1/DTD/xhtml1-transitional.dtd">
<html xmlns="http://www.w3.org/1999/xhtml">
<head>
<meta http-equiv="Content-Type" content="text/html; charset=utf-8" />
<title>学院网站主页布局</title>
</head>
<body>
<div id="header">页面顶部</div>
<div id="nav">导航栏</div>
<div id="mText">滚动文字栏</div>
<div id="content">
 <div id="left">左侧的内容</div>
 <div id="middle">中间的内容</div>
 <div id="right">右侧的内容</div>
</div>
<div id="bottomLink">常用链接</div>
<div id="footer">页面底部</div>
</body>
</html>
```

上述代码中，定义了网页中需要的布局块，此时浏览网页，效果如图 7-19 所示。

图 7-19　没有添加样式的页面浏览效果

7.3.2　添加 CSS 样式

添加页面布局块后，使用 CSS 外部样式表设置页面中各个块的样式，创建外部样式表文件 style.css，在上面的 index.html 文件的头部添加如下代码。

```
<link href="style.css" rel="stylesheet" type="text/css" />
```

将外部样式表文件链接入页面文件中。

样式表文件代码如下。

```
/* CSS Document */
body{        /*页面主体*/
    margin:0;
    padding:0;
    font-size:24px;
    text-align:center;
}
#header{      /*页面头部*/
    width:1000px;
    height:140px;
    line-height:140px;
    background:#CCC;
    margin:0 auto;
}
#nav{         /*导航栏*/
    width:1000px;
    height:36px;
    background:#CCC;
    margin:5px auto;
}
#mText{      /*滚动文字栏*/
    width:1000px;
    height:30px;
    background:#CCC;
    margin:0 auto;
}
#content{   /*主体内容块*/
    width:1000px;
    overflow:hidden;
```

```css
        margin:5px auto;
    }
    #content #left{  /*主体左侧块*/
        width:280px;
        height:482px;
        background:#CCC;
        float:left;
    }
    #content #middle{  /*主体中间块*/
        width:460px;
        height:482px;
        background:#CCC;
        float:left;
        margin:0 10px;
    }
    #content #right{   /*主体右侧块*/
        width:240px;
        height:482px;
        background:#CCC;
        float:left;
    }
    #bottomLink{      /*底部超链接块*/
        width:1000px;
        height:30px;
        background:#CCC;
        margin:0 auto;
    }
    #footer{       /*页脚块*/
        width:1000px;
        height:80px;
        line-height:80px;
        background:#CCC;
        margin:5px auto 0;
    }
```

浏览网页，效果如图 7-18 所示。

学院网站主页布局是典型的三列布局，采用这种网站布局的页面有很多。

本章小结

本章介绍了元素的浮动、定位和常用的网页布局方式。块元素默认情况下都是竖直排列，但采用设置浮动属性 float，可以将块元素水平排列。元素的定位有静态定位、相对定位和绝对定位，默认情况下元素采用静态定位，但采用设置定位属性 position 可以将元素设置为相对定位和绝对定位。常用的 DIV+CSS 网页布局方式有单列布局、二列布局、三列布局和通栏布局，如果是二列布局和三列布局，则需要将中间内容用大块包含子块，将子块设置为浮动。如果是通栏布局则需要将通栏显示的块用大块包含子块，大块的宽度设置与浏览器等宽。

学院网站主页采用了典型的三列布局，理解其布局方法，是后面第 9 章制作学院网站的关键技术。

习题 7

一、填空题

1. CSS 样式设置中，设置元素浮动的属性是_____。

2. 设置 CSS 样式为：p{clear:both;}，该语句的作用是_____。

3. 使父元素适应子元素的高，并清除子元素浮动对父元素的影响，使用的属性是_____。

4. _____属性用于定义元素的定位方式，其定位方式有静态定位、相对定位和绝对定位。

5. 采用相对定位（relative）的元素会相对于_____位置，通过偏移指定的距离，到达新的位置。其中，水平方向的偏移量由_____或_____属性指定；竖直方向的偏移量由_____和_____属性指定。

6. 采用绝对定位（absolute）的元素是将元素依据最近的已经定位（相对或绝对定位）的_____进行定位，若所有父元素都没有定位，则依据 body 元素（浏览器窗口）进行定位。

二、简述题

1. 如果使一个块与上面和下面的相邻的块都有 10 像素的间隔，该如何设置 margin 属性来实现？如果使一个块与左面和右面的相邻的块都有 10 像素的间隔，该如何设置 margin 属性来实现？

2. 什么情况下要设置元素的绝对定位？

实训 7

一、实训目的

1. 练习元素的浮动属性的设置与清除。

2. 熟悉元素的相对定位与绝对定位。

3. 掌握常用的 DIV+CSS 网页布局方式。

二、实训内容

1. 上机实做本章所有例题。

2. 按照课本 7.3 节案例步骤制作学院网站主页布局页面。

3. 制作简单的个人网站主页，采用 DIV+CSS 布局页面，如图 7-20 所示。

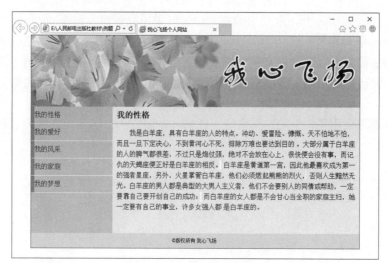

图 7-20　网站主页浏览效果

参考步骤如下。

（1）在磁盘上新建文件夹，名称为"我心飞扬"。在该文件夹中创建 images 文件夹和 style 文件夹，用于存放站点所用的图像文件和样式表文件。将图像素材复制到 images 文件夹中。

（2）在站点中新建网页文件，名称为 index.html，双击该文件，进入代码视图，添加如下页面结构代码。

```
<!DOCTYPE html PUBLIC "-//W3C//DTD XHTML 1.0 Transitional//EN"
"http://www.w3.org/TR/xhtml1/DTD/xhtml1-transitional.dtd">
<html xmlns="http://www.w3.org/1999/xhtml">
<head>
<meta http-equiv="Content-Type" content="text/html; charset=utf-8" />
<title>我心飞扬个人网站</title>
<link href="style/style.css" rel="stylesheet" type="text/css" />
</head>
<body>
<div id="box">
  <div id="banner"><img src="images/banner1.jpg" width="800" height="169"
/></div>
  <div id="nav">
   <ul>
    <li><a href="#">我的性格</a></li>
    <li><a href="#">我的爱好</a></li>
    <li><a href="#">我的风采</a></li>
    <li><a href="#">我的家庭</a></li>
    <li><a href="#">我的梦想</a></li>
   </ul>
  </div>
  <div id="main">
   <h2>我的性格</h2>
```

```
<p class="text1">
我是白羊座，具有白羊座的人的特点。冲动、爱冒险、慷慨、天不怕地不怕，而且一旦下定决心，
不到黄河心不死，排除万难也要达到目的。大部分属于白羊座的人的脾气都很差，不过只是炮仗颈，绝对
不会放在心上，很快便会没有事，而记仇的天蝎座便正好是白羊座的相反。白羊座是黄道第一宫，因此他
最喜欢成为第一的强者星座，另外，火星掌管白羊座，他们必须燃起熊熊的烈火，否则人生黯然无光。白
羊座的男人都是典型的大男子主义者，他们不要别人的同情或帮助，一定要靠自己要开创自己的成功；而
白羊座的女人都是不甘心当全职的家庭主妇，她一定要有自己的事业，许多女强人都是白羊座的。</p>
    </div>
    <div id="footer">
    &copy;版权所有 我心飞扬</div>
</div>
</body>
</html>
```

上述代码中，将网页上所有元素放入了一个大块 box 中，左侧是导航块 nav，右侧是主体
内容块 main，底部是块 footer。此时浏览网页，效果如图 7-21 所示。

图 7-21　没有添加样式的页面浏览效果

（3）添加页面内容后，在 style 文件夹中，创建外部样式表文件 style.css，样式表代码如下。

```
/* CSS Document */
body,ul,li,p,h2{margin:0;padding:0;list-style:none;}/*设置元素的初始属性*/
#box {  /*设置容器块的样式*/
    width: 800px;
    margin: 0 auto;
    height: auto;
    border: 1px solid #1D4FA0;
}
#nav {
    width: 200px;
    height: 300px;
```

```css
    float: left;  /*设置左浮动*/
    background-color: #B8D2E4;
}
#nav ul li {
    width: 200px;
    height:40px;
    line-height:40px;
    border-bottom: 1px solid #FFF;
}
#nav  ul li a {
    color: #333;
    text-decoration: none;
    display: block;
    width: 192px;
    height:40px;
    border-left: 8px solid #6391DC;  /*设置超链接左侧的边框*/
}
#nav ul li a:hover {
    font-weight: bold;
    background-color: #6391DC;  /*背景颜色与边框颜色相同*/
    color: #FFF;
}
#main {
    float: left;  /*设置左浮动*/
    width: 600px;
    height: 300px;
    background-color: #EDF3F8;
}
h2 {
    height:40px;
    line-height:40px;
    font-size: 20px;
    padding-left:10px;
    border-bottom: 1px dashed #3F80AB;
    margin-left:15px 0 0 15px;
}
.text1 {   /*为段落元素创建的类样式*/
    margin: 10px;
    line-height: 25px;
    text-indent:2em;
}
#footer {
```

```
    background-color: #D3E4EF;
    font-size:12px;
    text-align: center;
    height: 25px;
    padding-top: 10px;
    clear: both;  /*清除浮动的影响*/
}
```

浏览文件，查看页面浏览效果。

 注意　　该页面因为内容较简单，所以在构建网页结构时将所有内容放入了一个大块中。如果网页内容较多时，建议不必将所有内容用大块包裹。

三、实训总结

拓展阅读 7-1

Chapter 8

第 8 章
使用 JavaScript
制作网页特效

　　JavaScript 是一种基于对象和事件驱动并具有相对安全性的客户端脚本语言，同时是一种广泛用于客户端 Web 开发的脚本语言，常用于给 HTML 网页添加动态功能。JavaScript 是制作网页的行为标准之一，在 Web 标准中，一般使用 HTML 设计网页的结构，使用 CSS 设计网页的样式，使用 JavaScript 制作网页的特效。

　　本章学习目标（含素养要点）如下：

- 掌握 JavaScript 代码嵌入网页的方法；
- 掌握基本 JavaScript 特效实现的方法（职业素养）。

8.1　什么是 JavaScript 语言

　　JavaScript 是一种基于对象并具有安全性的脚本语言，它具有以下特点。

1．一种脚本编写语言

　　JavaScript 是一种脚本语言，它采用小程序段的方式实现编程。像其他脚本语言一样，JavaScript 同样是一种解释性语言，它提供了一个简易的开发过程。它的基本结构形式与 C、C++、VB、Delphi 十分类似。但它不像这些语言一样，需要先编译，而是在程序运行过程中被逐行地解释。它与 HTML 标识结合在一起，从而方便用户的使用操作。

2．基于对象的语言

　　JavaScript 是一种基于对象的语言，同时可以看作是一种面向对象的语言。这意味着它能运用自己已经创建的对象，因此，许多功能可以来自于脚本环境中对象的方法与脚本的相互作用。

3．简单性

　　JavaScript 的简单性主要体现在：首先它是一种基于 Java 基本语句和控制流之上的简单而紧凑的设计，从而对于学习 Java 是一种非常好的过渡。其次它的变量类型是采用弱类型，并未使用严格的数据类型。

4．安全性

　　JavaScript 是一种安全性语言，它不允许访问本地的硬盘，并不能将数据存入服务器上，不允许对网络文档进行修改和删除，只能通过浏览器实现信息浏览或动态交互，从而有效地防止数据的丢失。

5．动态性

　　JavaScript 是动态的，它可以直接对用户或客户输入做出响应，无须经过 Web 服务程序。它对用户的反映响应，是采用以事件驱动的方式进行的。所谓事件驱动，就是指在主页（Home Page）中执行了某种操作所产生的动作，称为"事件"（Event）。比如按下鼠标、移动窗口、选择菜单等都可以视为事件。当事件发生后，可能会引起相应的事件响应。

6．跨平台性

JavaScript 依赖于浏览器本身，与操作环境无关，只要能运行浏览器的计算机，并支持 JavaScript 的浏览器就可正确执行，从而实现了"编写一次，走遍天下"的梦想。

8.2　在网页中调用 JavaScript

8.2.1　直接嵌入 HTML 文档中

JavaScript 的脚本程序包含在 HTML 文档中，这使之成为 HTML 文档的一部分。其格式如下。

```
<script  type="text/javascript">
    JavaScript 语言代码;

    …

</script>
```

说明

（1）JavaScript 代码写在 <script type="text/javascript">和</script>之间。

（2）<Script>和</Script>标识放入<head>和</head>或<body>和</body>之间。将 JavaScript 标识放置在<head>和</head>头部之间，使之在主页和其余部分代码之前装载，从而可使代码的功能更强大；将 JavaScript 标识放置在<body>和</body>主体之间可以实现动态地创建文档。

例 8-1　在网页上嵌入 JavaScript 脚本，实现在网页文档中显示"欢迎学习 JavaScript!"。文件名称为 8-1.html，代码如下。

```
<!DOCTYPE html PUBLIC "-//W3C//DTD XHTML 1.0 Transitional//EN"
"http://www.w3.org/TR/xhtml1/DTD/xhtml1-transitional.dtd">
<html xmlns="http://www.w3.org/1999/xhtml">
<head>
<meta http-equiv="Content-Type" content="text/html; charset=utf-8" />
<title>javascript 示例一</title>
<script  type="text/javascript">
    document.write("欢迎学习 JavaScript!");
</script>
</head>
<body>
</body>
</html>
```

浏览网页，效果如图 8-1 所示。

图 8-1　使用脚本后的网页浏览效果

（1）document.write（）是文档对象的输出函数，其功能是将括号中的字符串或变量值输出到文档窗口。

（2）JavaScript 的程序代码区分大小写，若将 document.write（）写成 Document.Write（），程序将无法显示正确的结果。

（3）JavaScript 的程序代码的语句结束符为分号。

8.2.2　引入外部脚本文件

将脚本代码放入脚本文件（以.js 作为扩展名）中，则可以使用 script 标记的 src 属性引用外部脚本文件。其语法格式如下。

```
<head>
…
<script  type="text/javascript" src="脚本文件名.js"> </script>
…
</head>
```

脚本文件中包含的是 JavaScript 代码，不包含 HTML 标记。其格式如下。

```
JavaScript 语言代码；
…
```

例 8-2　创建网页文件，链接外部脚本文件，显示信息"欢迎光临我的网站！"，文件名称为 8-2.html，代码如下。

```
<!DOCTYPE html PUBLIC "-//W3C//DTD XHTML 1.0 Transitional//EN"
"http://www.w3.org/TR/xhtml1/DTD/xhtml1-transitional.dtd">
<html xmlns="http://www.w3.org/1999/xhtml">
<head>
<meta http-equiv="Content-Type" content="text/html; charset=utf-8" />
<title>javascript 示例二</title>
<script  type="text/javascript" src="01.js"></script>
</head>
<body>
</body>
</html>
```

脚本文件 01.js 的内容如下。

```
// JavaScript Document
```

```
window.alert("欢迎光临我的网站！");
```

浏览网页，效果图如图 8-2 所示。

图 8-2   链接外部脚本文件网页浏览效果

说明

  alert 是 window 对象的方法，其功能是弹出一个对话框并显示其中的字符串。

8.2.3   在事件代码中添加脚本

JavaScript 采用的是事件驱动的编程机制，因此可以在网页元素的事件代码中直接编写脚本代码。

例 8-3   编写 body 元素的 onload 事件代码，输出信息"欢迎光临我的网站！"。文件名称为 8-3.html，代码如下。

```
<!DOCTYPE html PUBLIC "-//W3C//DTD XHTML 1.0 Transitional//EN"
"http://www.w3.org/TR/xhtml1/DTD/xhtml1-transitional.dtd">
<html xmlns="http://www.w3.org/1999/xhtml">
<head>
<meta http-equiv="Content-Type" content="text/html; charset=utf-8" />
<title>javascript 示例三</title>
</head>
<body onload="alert('欢迎光临我的网站！');">
</body>
</html>
```

浏览网页，效果和例 8-2 完全一样。

说明

  （1）alert 方法前面省略了 window 对象，该对象名称可以省略。
  （2）网页元素的事件名称都以 on 开头，常用的事件有 onclick、onload、onmouseover、onmouseout 等。

8.3   案例：制作 Flash 幻灯片特效

在网站的首页中经常能够看到幻灯片切换的效果，这种特效既美化了页面的外观，又可以节省版面的空间。本节使用 JavaScript 脚本制作该效果，效果如图 8-3 所示。

图 8-3 Flash 幻灯片浏览效果

Flash 幻灯片的要求如下。

（1）每隔一段时间，自动切换到下一副画面。

（2）用户单击图片下方的数字，将直接切换到相应的画面。

（3）用户单击链接的文字，可以打开相应的网页（这里可以设置为空链接）。

Flash 幻灯片的制作过程如下。

（1）准备素材。在示例文件夹下创建图像文件夹 images，用于存放图像素材文件。

（2）幻灯切换图片的特效需要使用特定的 Flash 幻灯片播放器，本例中使用的播放器文件名为 playswf.swf，将其复制到示例文件夹的根目录下。

（3）新建一个网页文件，命名为 FlashPPT.html，代码如下。

```
<!DOCTYPE html PUBLIC "-//W3C//DTD XHTML 1.0 Transitional//EN"
"http://www.w3.org/TR/xhtml1/DTD/xhtml1-transitional.dtd">
<html xmlns="http://www.w3.org/1999/xhtml">
<head>
<meta http-equiv="Content-Type" content="text/html; charset=utf-8" />
<title>Flash 幻灯片特效</title>
</head>
<body>
<div id="FlashPPT" style="width:280px;height:210px;">
<script type="text/javascript">
    imgUrl1="images/1.jpg";
    imgtext1="学院召开全院教职工大会";
    imgLink1=escape("#");
    imgUrl2="images/2.jpg";
    imgtext2="学院召开干部培训会议";
    imgLink2=escape("#");
    imgUrl3="images/3.jpg";
    imgtext3="心理健康教育讲座";
    imgLink3=escape("#");
    imgUrl4="images/4.jpg";
    imgtext4="人才培养工作评估反馈会";
    imgLink4=escape("#");
    imgUrl5="images/5.jpg";
    imgtext5="学院与北京中清举行签约仪式";
    imgLink5=escape("#");
```

```
        var focus_width=280;
        var focus_height=185;
        var text_height=25;
        var swf_height = focus_height+text_height;
        var pics = imgUrl1+"|"+imgUrl2+"|"+imgUrl3+"|"+imgUrl4+"|"+imgUrl5
        var links = imgLink1+"|"+imgLink2+"|"+imgLink3+"|"+imgLink4+"|"
+imgLink5;
        var texts = imgtext1+"|"+imgtext2+"|"+imgtext3+"|"+imgtext4+"|"
+imgtext5;
        document.write('<object  ID="focus_flash"  classid="clsid:d27cdb6e-
ae6d-11cf-96b8-44553540000"        codebase="http://fpdownload.macromedia.com/
pub/shockwave/cabs/flash/swflash.cab#version=6,0,0,0" width="'+ focus_width
+'" height="'+ swf_height +'">');
        document.write('<param name="allowScriptAccess" value="sameDomain">
<param name="movie" value="playswf.swf"><param name="quality" value="high">
<param name="bgcolor" value="#FFFFFF">');
        document.write('<param name="menu" value="false"><param name=wmode
value="opaque">');
        document.write('<param name="FlashVars" value="pics='+pics+'&links=
'+links+'&texts='+texts+'&borderwidth='+focus_width+'&borderheight='+focus_
height+'&textheight='+text_height+'">');
        document.write('<embed ID="focus_flash" src="playswf.swf" wmode=
"opaque"          FlashVars="pics='+pics+'&links='+links+'&texts='+texts+
'&borderwidth='+focus_width+'&borderheight='+focus_height+'&textheight='+tex
t_height+'" menu="false" bgcolor="#C5C5C5" quality="high" width="'+ focus_width
+'" height="'+ swf_height +'" allowScriptAccess="sameDomain" type="application/
x-shockwave-flash" pluginspage="http://www.macromedia.com/go/getflashplayer"
/>');
    document.write('</object>');
    </script>
    </div>
    </body>
    </html>
```

运行代码，效果如图 8-3 所示。

说明

imgUrl1="images/1.jpg"：表示图片的来源。

imgtext1="学院召开全院教职工大会"：表示图片下方显示的文字。

imgLink1=escape("#")：表示单击图片时链接到的目标位置，此处为空链接。

focus_width=280：表示图片的宽度为 280 像素。

focus_height=185：表示图片的高度为 185 像素。

text_height=25：表示文本行所占的高度。

8.4 案例：制作下拉菜单特效

制作网站导航部分时，经常需要制作下拉菜单。制作下拉菜单可以有多种方法。本节使用 CSS+JavaScript 技术来实现水平导航下拉菜单，效果如图 8-4 所示。

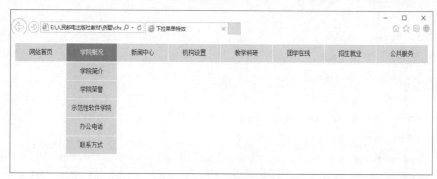

图 8-4 下拉菜单浏览效果

下拉菜单特效要求如下。

（1）鼠标置于顶部菜单项时，自动弹出二级下拉菜单。

（2）鼠标置于菜单项时改变背景颜色和字符颜色。

下拉菜单特效制作过程如下。

新建一个网页文件，命名为 menu.html，代码如下。

```
<!DOCTYPE html PUBLIC "-//W3C//DTD XHTML 1.0 Transitional//EN"
"http://www.w3.org/TR/xhtml1/DTD/xhtml1-transitional.dtd">
<html xmlns="http://www.w3.org/1999/xhtml">
<head>
<meta http-equiv="Content-Type" content="text/html; charset=utf-8" />
<title>下拉菜单特效</title>
<style type="text/css">
* {padding:0; margin:0; list-style:none;}
body {
    font-family:"宋体";
    font-size:14px;
}
#menu {/*菜单块的样式*/
    width:1000px;
    height:40px;
    margin:20px auto;
}
#menu ul li { /*菜单顶层每个项的样式*/
    float:left;
    text-align:center;
```

```
        position:relative;  /*相对定位*/
    }
    #menu ul li a:link, #menu ul li a:visited {  /*菜单顶层每个项的超链接样式*/
        display:block;
        text-decoration:none;
        color:#000;
        width:124px;
        height:40px;
        line-height:40px;
        border-right:1px solid #fff;
        background:#c5dbf2;
    }
    #menu ul li a:hover {/*鼠标移入时改变颜色和背景色*/
        color:#fff;
        background:#2687eb;
    }
    #menu ul li ul li a:hover {/*二级菜单中每个项鼠标移入时改变颜色和背景色*/
        color:#fff;
        background:#6b839c;
    }
    #menu ul li ul {/*二级菜单的样式*/
        display:none;/*不显示*/
        position:absolute;  /*绝对定位*/
        top:40px;
        left:0;
        width:124px;
    }
    #menu ul li ul li{ /*二级菜单每个项之间有 1 像素的间隔*/
        margin-top:1px;
    }
    #topUl li.show ul {display:block;} /*创建一个类样式 show，使子菜单显示*/
    </style>
    <script type="text/javascript">
    window.onload=function() {
     var arrayLi = document.getElementById("topUl").getElementsByTagName("li");
    //获取所有 li 元素
      for (var i=0; i<arrayLi.length; i++) {
        if(arrayLi[i].className=="smenu")//对使用类 smenu 的 li 添加鼠标事件代码，使子
    菜单显示或隐藏
        {
        arrayLi[i].onmouseover=function() {
        this.className="show";//子菜单显示
```

```
      }
   arrayLi[i].onmouseout=function() {
   this.className="";//子菜单隐藏
   }
  }
 }
}
</script>
</head>
<body>
<div id="menu">
<ul id="topUl">
<li><a href="#">网站首页</a></li>
<li class="smenu">
<a href="#">学院概况</a>
<ul>
<li><a href="#">学院简介</a></li>
<li><a href="#">学院荣誉</a></li>
<li><a href="#">示范性软件学院</a></li>
<li><a href="#">办公电话</a></li>
<li><a href="#">联系方式</a></li>
</ul>
</li>
<li class="smenu">
<a href="#">新闻中心</a>
<ul>
<li><a href="#">学院要闻</a></li>
<li><a href="#">系部动态</a></li>
<li><a href="#">通知公告</a></li>
</ul>
</li>
<li>
<a href="#">机构设置</a> </li>
<li class="smenu">
<a href="#">教学科研</a>
<ul>
<li><a href="#">教务管理系统</a></li>
<li><a href="#">精品课程</a></li>
<li><a href="#">教学辅助平台</a></li>
</ul>
</li>
<li>
```

```
<a href="#">团学在线</a> </li>
<li class="smenu">
<a href="#">招生就业</a>
<ul>
<li><a href="#">招生信息网</a></li>
<li><a href="#">就业信息网</a></li>
<li><a href="#">视频宣传</a></li>
<li><a href="#">空中乘务</a></li>
</ul>
</li>
<li class="smenu">
<a href="#">公共服务</a>
<ul>
<li><a href="#">网络管理</a></li>
<li><a href="#">图书馆</a></li>
<li><a href="#">信息公开</a></li>
</ul>
</li>
</ul>
</div>
</body>
</html>
```

运行代码，效果如图 8-4 所示。

说明

　　上述代码中，鼠标移到每个菜单项时调用 displaySubMenu() 函数显示下拉菜单，鼠标移出时调用 hideSubMenu() 函数隐藏下拉菜单。本节代码较简单地实现了下拉菜单的制作。如果要求二级下拉菜单水平显示，同学们可自行尝试修改代码来实现。

8.5 案例：制作选项卡特效

　　在网站的首页中经常能够看到选项卡切换的效果，这种效果既美化了页面的外观，又可以节省版面的空间。本节使用 CSS+JavaScript 技术制作该效果，效果如图 8-5 所示。

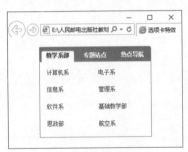

图 8-5 选项卡浏览效果

选项卡特效要求如下。

（1）鼠标滑动时切换选项卡。

（2）每个选项卡中用列表表示内容，每项内容都有超链接。

（3）用户单击链接的文字，可以打开相应的网页（这里设置为空链接）。

选项卡特效制作过程如下。

新建一个网页文件，命名为 tab .html，代码如下。

```
<!DOCTYPE html PUBLIC "-//W3C//DTD XHTML 1.0 Transitional//EN"
"http://www.w3.org/TR/xhtml1/DTD/xhtml1-transitional.dtd">
<!DOCTYPE html PUBLIC "-//W3C//DTD XHTML 1.0 Transitional//EN"
"http://www.w3.org/TR/xhtml1/DTD/xhtml1-transitional.dtd">
<html xmlns="http://www.w3.org/1999/xhtml">
<head>
<meta http-equiv="Content-Type" content="text/html; charset=utf-8" />
<title>选项卡特效</title>
<style type="text/css">
*{
    margin:0;
    padding:0;
    list-style:none;
}
body{
    font-size:12px;
}
a{
    color:#333;
    text-decoration:none;
}
a:hover {
    color: #900;
    text-decoration:underline;
}
.display {
    display: block;
}
.hidden {
    display: none;
}
#tabBox {/*选项卡块的样式*/
    width:240px;
    height:191px;
    margin:20px auto;
```

```
}
#tabBox .top {/*选项卡顶部块的样式*/
    height: 32px;
    background:url(images/tabBox1.jpg) no-repeat;
}
#tabBox .top li{ /*选项卡顶部每个项的样式*/
    width:80px;
    height: 28px;
    line-height:28px;
    text-align: center;
    color: #fff;
    padding-top:4px;
    float: left;
    font-weight:bold;
}
#tabBox .top li.over {/*当前选项卡项的样式*/
    background:url(images/tabBox2.jpg) no-repeat center bottom;
    color:rgb(51, 51, 51);
}
#tabBox .top li.out {/*鼠标移出时项的样式*/
    background:none;
}
#tabBox .content{ /*选项卡内容块的样式*/
    width:238px;
    height:158px;
    border-left:1px solid #1d94fc;
    border-right:1px solid #1d94fc;
    border-bottom:1px solid #1d94fc;
}
#tabBox .content ul {/*内容块中离左侧留出15像素*/
    margin-left: 15px;
}
#tabBox .content ul li {/*内容块中每个项的样式*/
    width: 50%; /*水平两列显示*/
    height:26px;
    margin-top:10px;
    float: left;
}
#tabBox .content ul li a {/*内容块中超链接的样式*/
    height: 26px;
    line-height: 26px;
    display: block;
```

```
        }
    </style>
    <script type="text/javascript"> //实现 tab 栏切换
      window.onload=function(){ //网页加载时执行函数
        //获取所有 tab 栏 li
        var
topLi=document.getElementById("topUl").getElementsByTagName("li");
        //获取所有 tab 栏内容的 ul
        var
contentUl=document.getElementById("content").getElementsByTagName("ul");
        //遍历元素
        for(var c=0;c<topLi.length;c++){
            //添加鼠标滑过事件
            topLi[c].onmouseover=function(){
                //遍历元素
                for(var b=0;b<contentUl.length;b++){
                    //将当前索引对应的元素设为显示
                    if(topLi[b]==this){
                        topLi[b].className="over";
                        contentUl[b].className="display";
                    }else{
                        //将所有元素改变样式
                        topLi[b].className="out";
                        contentUl[b].className="hidden";
                    }
                }
            }
        }
    }
    </script>
    </head>
    <body>
    <div id="tabBox" >
        <div class="top">
         <ul id="topUl">
          <li id="li1" class="over">教学系部 </li>
          <li id="li2" class="out">专题站点 </li>
          <li id="li3" class="out">热点导航</li>
         </ul>
        </div>
        <div class="content" id="content">
         <ul id="ul1" class="display" >
```

```
            <li><a href="#" title="计算机系" target="_blank">计算机系</a></li>
            <li><a href="#" title="电子系" target="_blank">电子系</a></li>
            <li><a href="#" title="信息系" target="_blank">信息系</a></li>
            <li><a href="#" title="管理系" target="_blank">管理系</a></li>
            <li><a href="#" title="软件系" target="_blank">软件系</a></li>
            <li><a href="#" title="基础教学部" target="_blank">基础教学部
</a></li>
            <li><a href="#" title="思政部" target="_blank">思政部</a></li>
            <li><a href="#" title="航空系" target="_blank">航空系</a></li>
        </ul>
        <ul id="ul2" class="hidden" >
            <li><a href="#" title="语言文字工作专题" target="_blank">语言文字工
作专题</a></li>
            <li><a href="#" title="数据采集(内网)" target="_blank">数据采集(内
网)</a></li>
            <li><a href="#" title="数据采集(公网)" target="_blank">数据采集(公
网)</a></li>
            <li><a href="#" title="教学辅助平台" target="_blank">教学辅助平台
</a></li>
        </ul>
        <ul id="ul3" class="hidden" >
            <li><a href="#" title="精品课程" target="_blank">精品课程</a></li>
            <li><a href="#" title="教务管理系统" target="_blank">教务管理系统
</a></li>
            <li><a href="#" title="特色专业" target="_blank">特色专业</a></li>
            <li><a href="#" title="教学团队" target="_blank">教学团队</a></li>
            <li><a href="#" title="空中乘务" target="_blank">空中乘务</a></li>
            <li><a href="#" title="华为网络学院" target="_blank">华为网络学院
</a></li>
        </ul>
      </div>
    </div>
  </body>
</html>
```

运行代码，效果如图 8-5 所示。

说明　　上述脚本代码中，window.onload=function(){}的作用是当页面加载完成后会执行 function(){}里面的代码，这样可以简化代码的写法，在实际执行脚本代码时经常使用。

本章小结

本章介绍了 JavaScript 脚本嵌入 HTML 网页文件的三种方式,并介绍了三个典型脚本使用的案例。通过本章的学习,可以在制作网页时,通过使用 JavaScript 脚本,完成一些动态效果。

实际制作网页时,从网上也可以得到许多 JavaScript 脚本代码,同学们只要看明白代码,并能将代码修改应用到自己的网页上就可以了。

习题 8

简述将 JavaScript 脚本嵌入 HTML 网页文件的三种方式。

实训 8

一、实训目的

1. 练习 JavaScript 脚本的使用方法。
2. 掌握典型脚本代码的编程方法。

二、实训内容

1. 上机实做本章所有例题。
2. 按照本书第 8.3 ~ 8.5 节案例步骤制作脚本实现的动态效果。
3. 制作滚动图片的动态效果,如图 8-6 所示。

图 8-6　图片滚动浏览效果

要求如下。

(1)页面加载完成后,图片可以无缝滚动。

(2)当鼠标悬停在任意图片时滚动停止,鼠标离开时继续滚动。

4. 制作焦点图片轮播的动态效果,如图 8-7 所示。

图 8-7　焦点图片轮播的浏览效果

要求如下。

（1）页面加载完成后，焦点图片每 2 秒钟自动切换一次。

（2）当鼠标悬停在右侧的新闻上时，自动切换至与该新闻对应的图片，且轮播停止，鼠标离开时再恢复到自动切换图片。

三、实训总结

拓展阅读 8-1

第 9 章
完整案例：信息学院网站制作

本案例学习学校类型网站的设计与制作，进一步熟悉使用 Photoshop 工具制作网页效果图的方法；能够使用 DIV+CSS 网页布局技术制作网页；学会创建和使用模板；学会使用 JavaScript 脚本创建图片的轮流切换效果等。

本章学习目标（含素养要点）如下：

- 进一步掌握 CSS 的各种样式设置方法；
- 掌握 DIV+CSS 网页布局的方法；
- 掌握模板的创建与使用；
- 掌握 JavaScript 脚本的使用方法（职业素养）。

9.1 信息学院网站描述

山东信息职业技术学院是山东省人民政府批准设立、国家教育部备案的公办省属普通高等学校，由山东省经济和信息化委员会、山东省教育厅主管。学院具有 30 多年的办学历史，特别是计算机类、电子信息类专业享誉省内外。

下面是山东信息职业技术学院网站主页浏览效果，如图 9-1 所示。

图 9-1　山东信息职业技术学院网站主页

9.2 网站规划

1．网站需求分析

设计山东信息职业技术学院网站的目的是能使任何人在任何时候、任何地方都能借助网络了解学院的基本情况与最新招生和就业信息，通过该网站可以跳转到招生信息网、团学在线网站、教务管理系统等。

山东信息职业技术学院网站的功能如图 9-2 所示。

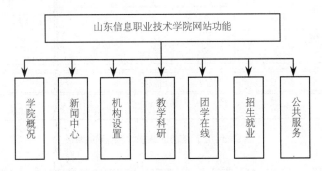

图 9-2　山东信息职业技术学院网站的功能

2．网站的风格定位

网站的风格定位是在调查研究基础上进行策划的第一步。在调查分析的基础上确定自己网站的服务对象和内容是网站建设和发展的前提。网站的内容不可能面面俱到，这既超出了网站的能力，又会使网站失去个性。事实上对于网站来说，任何想吸引全部网民的做法都是错误的，在信息爆炸而个体差异极大的社会，网站能做的只是吸引特定的人群。网站的成功与否与市场调查及网站定位是密不可分的。

山东信息职业技术学院网站是学校门户网站，其主要用户为学生、教师及学生家长等，同时也是教育类的网站，所以采用蓝色为主色调，因为蓝色代表智慧，代表高科技，代表清爽，有一种宁静致远的感觉。蓝色是海洋、天空、大海的颜色，让人充满遐想和向往。另外为了突出网站的热情、充满活力，在网站上又加了红色，让用户第一眼就被网站亮丽的色彩所吸引。

3．规划草图

对于一般的网站来说，一个项目往往从一个简单的界面开始，但要把所有的东西组织到一起并不是件容易的事情。首先，要画一个站点的草图，勾画出所有客户想要看到的东西。然后，将它详细的描述交给美工人员，让他们知道在每一屏上都要显示哪些内容。图 9-3 所示为本站的草图。

4．项目计划

虽然每个 Web 站点在内容、规模、功能等方面都各有不同，但是有一个基本设计流程可以遵循。从国内大的门户站点如搜狐、新浪到一个很小的个人主页，都要以基本相同的步骤来完成。本网站的开发流程同样如此，如图 9-4 所示。

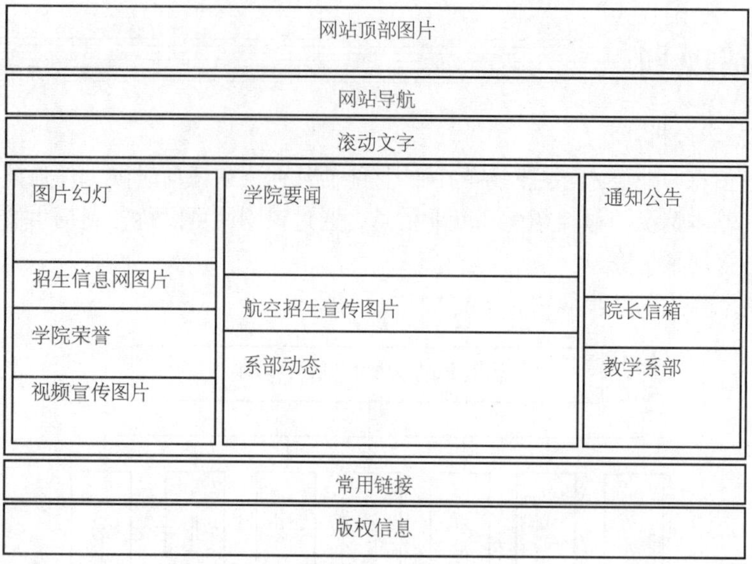

| 网站顶部图片 |
| 网站导航 |
| 滚动文字 |

| 图片幻灯

招生信息网图片

学院荣誉

视频宣传图片 | 学院要闻

航空招生宣传图片

系部动态 | 通知公告

院长信箱

教学系部 |

| 常用链接 |
| 版权信息 |

图 9-3　山东信息职业技术学院网站草图

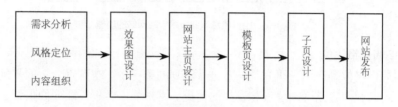

图 9-4　山东信息职业技术学院网站的制作流程

9.3　效果图设计

9.3.1　效果图设计原则

效果图制作的原则：先背景，后前景，先上后下，先左后右。

本网站最终的效果如图 9-1 所示。

制作软件：Photoshop CS6 中文版。

针对此网页的效果图，采用前面谈的先背景、后前景、先上后下、先左后右的设计原则进行设计。

本效果图设计中用到的主要知识如下。

（1）选择工具的应用。

（2）文字工具的应用。

（3）钢笔工具的应用。

（4）渐变工具的应用。

（5）矢量工具的应用。

（6）图层样式的应用。

（7）蒙版的应用。

9.3.2 效果图设计步骤

设计主页效果图的制作步骤如下。

（1）新建文件。

打开 Photoshop 软件，新建文件，命名为"山东信息职业技术学院效果图"，宽度 1000 像素，高度 1000 像素，背景色为白色，分辨率 72 像素/英寸。

（2）添加参考线。

执行"视图"｜"新建参考线"命令，添加 4 条垂直参考线，分别是 280 像素、290 像素、750 像素、760 像素，6 条水平参考线，分别是 140 像素、176 像素、206 像素、688 像素、698 像素、728 像素，如图 9-5 所示。

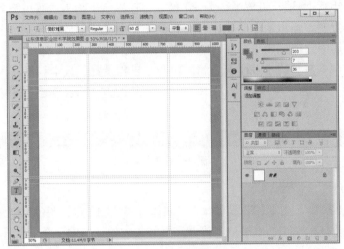

图 9-5　添加参考线

（3）制作背景。

打开"bodybg.jpg"，执行"编辑"｜"定义图案"命令，为祥云图案命名，如图 9-6 所示。将"bodybg.jpg"关闭。

图 9-6　图案命名

（4）选择油漆桶工具，将填充选项改为"图案"，并在图案属性栏中选择刚才定义的祥云图案，如图 9-7 所示。在图像中单击，完成背景填充。

图 9-7　图案属性栏

（5）设计 Banner 条。

打开"Banner.jpg"，将图片复制到文档中，单击图层面板下方的"添加图层蒙版"按钮，为图片添加蒙版。选择渐变工具，在图片的左侧，从左向右轻轻拖曳鼠标，将图片左侧和背景更自然地融合在一起。将"logo.png"和"学院.psd"分别打开并复制图片到本文档中。完成后如图 9-8 所示。

图 9-8　Banner 条

（6）设计导航条。

打开素材文件"导航.jpg"，将图片复制到文档中作导航条背景。打开"分隔线.psd"文件，用移动工具 ▶ 将分隔线复制到文档中，放在左侧适当位置。复制分隔线得到 7 条，将第 7 条分隔线放在右侧适当位置，将 7 条分隔线全部选中，单击"水平居中分布"按钮 ，让 7 条分隔线均匀分布。

选中"圆角矩形工具"，设置半径为 20 像素，在导航条绘制浅蓝色圆角矩形，并设置透明度为 50%。再复制该圆角矩形 7 次，分别将这 7 个圆角矩形放在导航条上。用同样的方式将它们设置水平居中分布。

输入文本"网站首页、学院概况、新闻中心、机构设置、教学科研、团学在线、招生就业、公共服务"，字体为"黑体"，字号 16 号。用同样的方式将文本水平居中分布。完成后如图 9-9 所示。

图 9-9　导航条

（7）设计滚动文字栏。

选中文字工具，输入文本，设置字体为"宋体"，字号 12 点，颜色为红色。输入文字"国家示范性软件职业技术学院、电子信息产业高技能人才培训基地、全国就业工作先进集体"。

（8）制作正文区背景。

新建图层命名为"正文背景"，选择矩形选框工具 ，在属性栏中设置样式为固定大小，固定大小值为宽度 1000 像素，高度 482 像素，如图 9-10 所示。从第三条水平参考线开始绘制，用油漆桶工具 填充白色。完成后如图 9-11 所示。

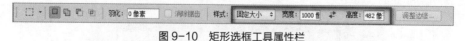

图 9-10　矩形选框工具属性栏

图 9-11　绘制正文背景

（9）图片切换区。

打开"图片切换.jpg"文件，将图片复制到文档中。

（10）设计招生信息栏。

选择矩形工具 ，在窗体上单击，在弹出的对话框中输入宽 280 像素，高 62 像素，单击"确定"按钮后自动绘制。单击图层面板中的"添加图层样式"按钮 *fx.*，在弹出的列表中选择渐变叠加，渐变色为"#00f1fd"和"#008bfa"。如图 9-12 和图 9-13 所示。

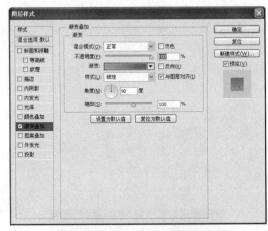

图 9-12　渐变叠加图层样式面板

图 9-13　渐变条

（11）选中文本工具，设置字体为隶书，文字大小为 36 点，文本颜色为红色，输入文本"招生信息"，单击图层面板中的图层样式按钮 *fx.*，在弹出的列表中选择"描边"，添加大小为 2 像素，颜色为白色，如图 9-14 所示。完成后如图 9-15 所示。

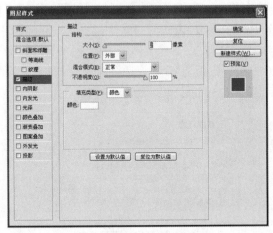

图 9-14　描边图层样式面板

图 9-15　完成图

（12）绘制"学院荣誉"栏。

单击图层面板下方的新建组按钮 ，创建新组，新组命名为"学院荣誉"。选择矩形工具 ，设置宽为 280 像素，高为 30 像素，绘制一矩形。双击图形面板中的矩形缩览图，修改颜色为"#1d96fa"。用钢笔工具 ，在窗体上单击绘制三角形，双击图形面板中的三角形缩览图，修改颜色为白色。用直线工具 绘一白色竖线。输入文本"学院荣誉"，颜色为白色，字体为"黑体"，字号 14 号，字符间距 60 点。复制"学院荣誉"文本层，将字号改为 12 号，内容改

为 "Honor"，复制 "Honor" 文本层，将内容改为 "more>>"。完成后如图 9-16 所示。

图 9-16　学院荣誉标题栏

（13）用矩形工具绘制宽 276 像素，高为 28 像素的矩形，颜色为白色。单击图层面板中的 "添加图层样式" 按钮 *fx.*，在弹出的列表中选择 "描边"，添加大小为 1 像素，颜色为 "#cccccc"。复制矩形，得到 3 个矩形，将第一个矩形和第 3 个矩形放在适当的位置，用移动工具 选中 3 个矩形，单击属性栏中的 "垂直居中分布" 按钮 ，将其垂直居中分布。输入文本 "第三届全国大学生计算机应用能力" 等文本，颜色 "#550d11"，字体 "宋体"，字号 12 号，执行 "窗口" | "字符" 命令，设置字符间距 140 点。复制并修改文本内容，用同样的方式设置文本垂直居中分布。如图 9-17 所示。

（14）添加学院视频图片。

打开 "视频.jpg"，将图片复制到本文档中。如图 9-18 所示。

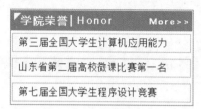

图 9-17　学院荣誉内容

图 9-18　学院视频图片

（15）绘制 "学院要闻" 栏。

单击图层面板下方的新建组按钮 ，创建新组，新组命名为 "学院要闻"。打开 "Dot.jpg" "Dot2.jpg"，将图片复制到文档中并排列好。输入图 9-19 所示文本，制作学院要闻栏目。其中文本 "学院要闻" 的字体为黑体，字号 16 号，消除锯齿方式为 "浑厚"。文本 "more >>" 的字体为 "宋体"，字号 12 号，消除锯齿方式为 "浑厚"。其余文本的字体为 "宋体"，字号 12 号，颜色为灰色。执行 "窗口>字符" 命令，设置行距为 20 点，字符间距为 120 点。复制 "学院要闻" 组，命名为 "系部动态"，修改对应文本。如图 9-20 所示。

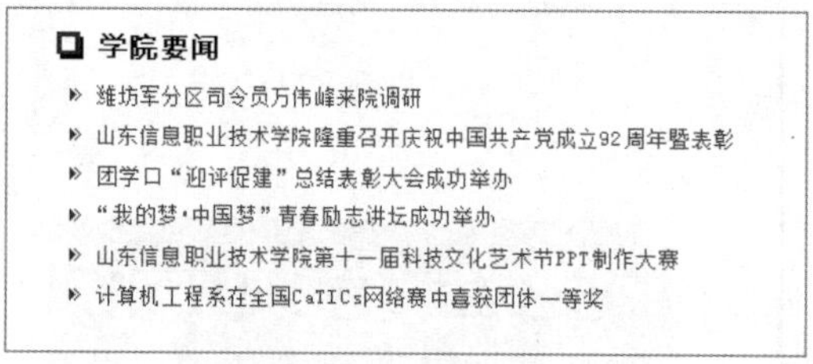

图 9-19　学院要闻

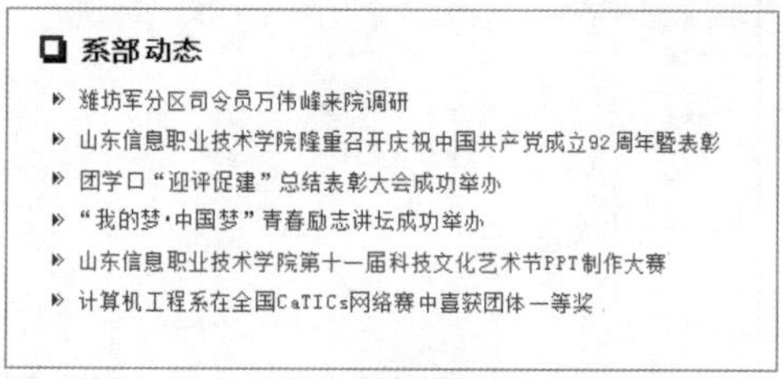

图 9-20　系部动态

（16）绘制 "航空招生快捷通道" 链接区。

打开 "竹林.jpg"，将图片复制到文档中。输入文本 "2015 年航空招生"，颜色为红色，字体为 "黑体"，字号 40 号，字符间距 100 点。单击图层面板中的图层样式按钮 *fx.*，在弹出的列表中选择 "外发光"，外发光颜色为浅黄色 "#ffffbe"，如图 9-21 所示。输入文本 "快捷通道"，颜色为红色，字体为 "黑体"，字号 20 号，字符间距 180 点，设置红色外发光图层样式，如图 9-22 所示。完成后效果如图 9-23 所示。

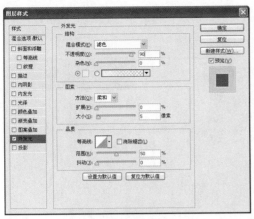

图 9-21　浅黄色外发光

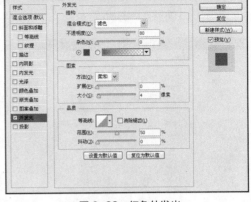

图 9-22　红色外发光

图 9-23　"航空招生快捷通道"效果

（17）制作"通知公告"栏。

　　单击图层面板下方的"新建组"按钮 □ ，创建新组，新组命名为"通知公告"。选择圆角矩形工具 □ ，在窗体上单击，在弹出的对话框中输入半径为 5 像素，宽为 238 像素，高为 242 像素，单击"确定"按钮后自动绘制圆角矩形。单击图层面板中的圆角矩形缩览图将圆角矩形颜色改为白色。设置"描边"图层样式，描边的大小为 1 像素，颜色为#699dc，如图 9-24 所示。设置投影图层样式，投影颜色为"#2d6b9c"，如图 9-25 所示。

　　（18）绘制一宽为 238 像素，高为 32 像素的圆角矩形，设置渐变图层样式，渐变色为"#34a2ef"和"#0e85eb"，如图 9-26 所示。打开"按钮.jpg"文件，将按钮图片复制到本文档中，放在图 9-27 所示的位置。

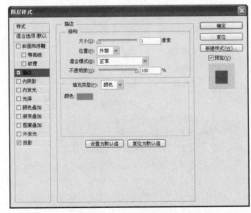

图 9-24　描边图层样式

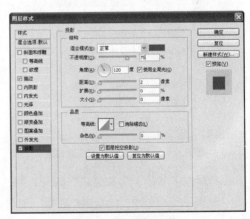

图 9-25　投影图层样式

　　（19）输入文本"通知公告"，文本颜色为黑色，字体为"黑体"，字号 14 号，字符间距为 280 点。将前面输入的文本层"more >>"复制到本组中，输入正文文本"滨海校区学生公寓采购招标公告"等文字，设置颜色为"#535353"，字体为"宋体"，字号 14 号，行距为 16

点，字符间距为60点。按照前面的制作方式复制文本并修改，将文本垂直居中分布，再加入前面的小图标。如图9-28所示。

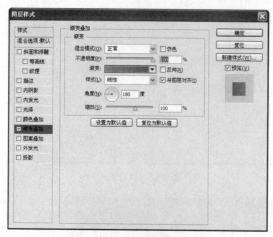

图9-26 渐变叠加图层样式

图9-27 "通知公告"标题栏

（20）制作"教学系部"栏。

单击图层面板下方的"新建组"按钮 ，创建新组，新组命名为"教学系部"。选择圆角矩形工具 ，在窗体上单击，在弹出的对话框中输入半径为5像素，宽为238像素，高为189像素，单击"确定"按钮后自动绘制圆角矩形。单击图层面板中的圆角矩形缩览图将圆角矩形颜色改为白色。设置"描边"图层样式，描边的大小为1像素，颜色为"#699dc"。设置投影图层样式，投影颜色为"#2d6b9c"。

选择圆角矩形工具，绘制一宽为238像素，高为32像素的圆角矩形，设置渐变图层样式，渐变色为"#34a2ef"和"#0e85eb"。

完成后的效果如图9-29所示。

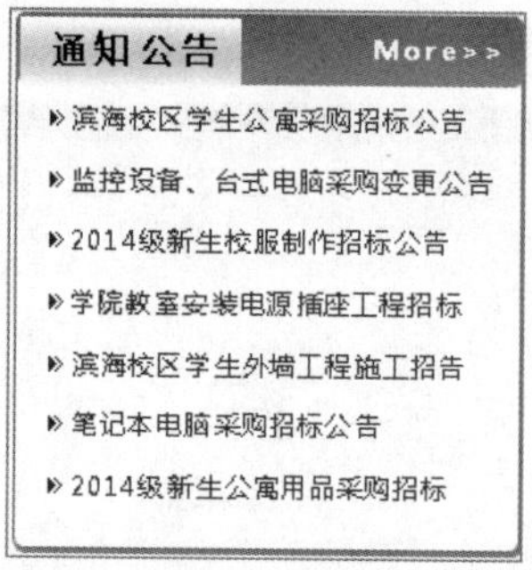

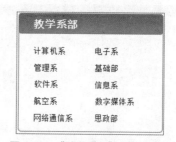

图9-28 "通知公告"完成后效果

图9-29 "教学系部"完成后效果

（21）制作"书记、院长信箱"部分。

单击图层面板下方的新建组按钮 ，创建新组，新组命名为"书记信箱"。选择矩形工具，绘制宽为115像素，高为37像素的矩形，设置渐变叠加图层样式，渐变颜色为"#008af9"和"#00f4ff"，如图9-30所示。输入文本"书记信箱"，颜色为白色，字体为"黑体"，字号16号，字符间距为300点，如图9-31所示。将"书记信箱"复制得到副本，并将副本改名为"院长信箱"，对文本进行相应修改。

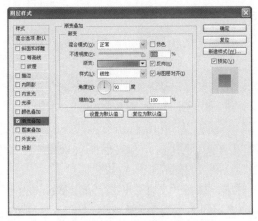

图 9-30　渐变图层样式

图 9-31　"书记信箱"完成后效果

（22）制作常用链接栏。

用矩形工具绘制宽为 1000 像素，高为 30 像素的矩形，填充颜色为 "#83bbd9"。选择文本工具，设置字体为宋体、文本大小 14 点、颜色为黑色，输入文本 "常用链接：国家教育部　山东省教育厅　　山东人事管理　　山东教育招生考试院　　毕业生就业信息网　　中国高等职业教育网"，使文字在矩形框中居中显示。完成后的效果如图 9-32 所示。

| 常用链接： 国家教育部　　山东省教育厅　　山东人事管理　　山东教育招生考试院　　毕业生就业信息网　　中国高等职业教育网 |

图 9-32　常用链接栏

（23）制作版权信息部分。

使用文本工具，输入页脚文本，字体为 "宋体"、字号 12 点、文字颜色为 "#535353"，居中对齐文本，如图 9-33 所示。

版权所有：山东信息职业技术学院
联系电话：0536-2931602
通讯地址：山东潍坊东风东街7494号

图 9-33　版权信息

（24）保存网页，最终效果如图 9-34 所示。

图 9-34　首页最终效果

9.3.3 效果图切片导出网页

选择"切片工具" ✐，根据需要进行切片。切片过程有以下几个技巧。

（1）首先希望大家将预期的切片设计好，然后进行切片。

（2）为了切片准确，减少误差，在此建议大家尽量放大图片进行切片。

（3）在网页中使用的切片图片，要重新进行命名，以便在制作网站时使用。

切片后的效果如图 9-35 所示。

切片时如果能平铺形成的图片，只须切一个小的图片，如导航的背景图片。另外，使用一个颜色作为背景的图片不需要切片，在制作网页时进行设置背景色即可。

切片创建完成后即可进行最后的网页导出，执行"文件"｜"存储为 Web 设备所用格式"命令，将网页保存类型为"HTML 和图像（*.html）"类型，命名为"index"，单击"保存"按钮。

图 9-35　对网页进行切片后的效果

9.4　网站主页设计

9.4.1　主页布局设计

设计软件：DreamWeaver CS6 中文版。

网页布局：采用 DIV+CSS 布局。根据显示的内容，DIV 块的划分如图 9-36 所示。

主页设计中用到的主要知识如下。

（1）创建站点。

（2）创建主页，搭建主页结构，添加 DIV 块。

（3）创建外部样式表。

（4）添加 CSS 样式。

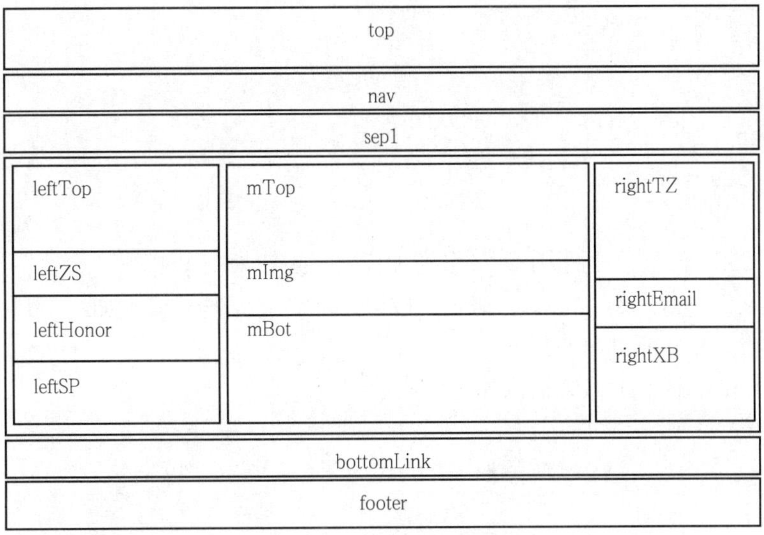

top
nav
sep1

leftTop	mTop	rightTZ
leftZS	mImg	rightEmail
leftHonor	mBot	rightXB
leftSP		

bottomLink
footer

图 9-36 网页布局划分

9.4.2 主页设计步骤

以效果图中切出的图片素材为基础，使用 Dreamweaver CS6 软件创建站点、设计页面。具体步骤如下。

（1）在磁盘 E 盘根目录下创建网站文件夹 schoolSite，将素材中提供的文件夹 images、media、pictures、swf 拷贝到该文件夹下。

（2）启动 Dreamweaver CS6，通过"站点" | "新建站点"命令，创建网站站点，站点名称为 schoolSite，本地站点文件夹为：E:\ schoolSite \。

（3）在站点中新建一个网页文件，命名为 index.html。

（4）在站点中创建"style"子文件夹，用 Dreamweaver 创建 CSS 样式表文件，并保存 CSS 文件到该文件夹中，命名为"style.css"。然后书写通用 body 的样式，以及通用超级链接的样式，代码如下。

```
*{
margin:0;
padding:0;
border:0;
list-style:none;
}
body{
font-family:宋体;
font-size:13px;
color:#666;
background:url(../images/bodybg.jpg);
}
a{
font-size:12px;
color:#666;
```

```
text-decoration:none;
}
a:hover{
color:#900;
text-decoration:underline;
}
```

（5）在"CSS 样式表"面板中，单击附加样式表按钮，再单击"浏览"按钮，选择已创建的样式表文件"style.css"，单击"确定"按钮，将 style.css 样式表附加到 index.html 页面中。

（6）制作 index.html 页面的顶部。

在 index.html 的代码窗口，输入如下代码。

```
<div id="top">
<img src="images/top.jpg" width="1000" height="140" />
</div>
```

切换到 style.css 文件，继续添加如下样式表代码。

```
#top{
width:1000px;
height:140px;
margin:0 auto;
}
```

规定 top 块的宽、高，并使其在浏览器中居中显示。

（7）制作 index.html 页面的导航条部分。

导航条内容用列表实现，使用 CSS 样式设置导航块和列表及超链接的各种样式。

继续在 index.html 的代码窗口，输入如下代码。

```
<div id="nav">
 <ul>
  <li><a href="index.html">网站首页</a></li>
  <li><a href="#">学院概况</a></li>
  <li><a href="#">新闻中心</a></li>
  <li><a href="#">机构设置</a></li>
  <li><a href="#">教学科研</a></li>
  <li><a href="#">团学在线</a></li>
  <li><a href="#">招生就业</a></li>
  <li class="nobg"><a href="#">公共服务</a></li>
 </ul>
</div>
```

切换到 style.css 文件，继续添加如下样式表代码。

```
#nav{
width:1000px;
height:36px;
margin:0 auto;
background:url(../images/navbg1.jpg);
```

```
}
#nav ul li{
width:125px;
height:36px;
line-height:36px;
float:left;
text-align:center;
background:url(../images/navline.jpg) no-repeat right center;
}
#nav ul li.nobg{
background:none;
}
#nav ul li a{
color:#fff;
font-size:14px;
font-weight:bold;
text-decoration:none;
}
#nav ul li a:hover{
display:block;
width:125px;
height:36px;
background:url(../images/navbg2.jpg) no-repeat center center;
}
```

此时网页在浏览器中的预览效果如图 9-37 所示。

图 9-37 网页顶部及导航浏览效果

（8）制作导航条和主体内容之间的滚动文字部分。

继续在 index.html 的代码窗口，输入如下代码。

```
<div id="sep1"><marquee direction="right" width="1000" height="30"
scrollamount="2" onmouseover="this.stop()" onmouseout="this.start()">
    国家示范性软件学院  全国就业先进集体  国家公办职业学校
  总参谋部、教育部定向培养直招士官试点院校  山东省"3+2"专本衔接
试点院校
    </marquee>
</div>
```

<marquee>标记符的作用是使文字水平滚动。

切换到 style.css 文件，继续添加如下样式表代码。

```
#sep1{
color:#F00;
width:1000px;
height:30px;
line-height:30px;
text-align:right;
margin:0 auto;
}
```

此时网页在浏览器中的预览效果如图 9-38 所示。

图 9-38　添加滚动文字后的效果

（9）制作网页主体部分。

继续在 index.html 的代码窗口中输入如下代码。

```
<div id="box">
  <div id="left"></div>
  <div id="middle"></div>
  <div id="right"></div>
</div>
```

切换到 style.css 文件，继续添加如下样式表代码。

```
#box{
width:1000px;
overflow:hidden;
background-color:#fff;
margin:0 auto;
}
#left{
width:280px;
height:482px;
float:left;
}
#middle{
width:460px;
```

```
height:482px;
float:left;
margin:0 10px;
}
#right{
width:240px;
height:482px;
float:left;
}
```

（10）制作主体部分的左侧部分。

在 index.html 文件的 left 块中添加如下代码。

```
<div id="leftTop"><img src="images/pic1.jpg" width="280" height="210" />
  </div>
  <div id="leftZS"><img src="images/leftZH.jpg" width="280" height="62" />
  </div>
  <div id="leftHonor">
   <h2><img src="images/leftRY.jpg" width="280" height="30" />
   </h2>
   <ul>
    <li><a href="#">第四届全国大学生应用能力竞赛一等奖</a></li>
    <li><a href="#">第五届山东省物联网应用能力竞赛一等奖</a></li>
    <li><a href="#">第八届全国大学生创业大赛一等奖</a></li>
   </ul>
  </div>
  <div id="leftSP"><img src="images/leftSP.jpg" width="280" height="60" />
  </div>
```

切换到 style.css 文件，继续添加如下样式表代码。

```
#left #leftTop{
width:280px;
height:210px;
}
#left #leftZS{
width:280px;
height:62px;
margin:5px 0;
}
#left #leftHonor{
width:280px;
height:140px;
}
#left #leftHonor h2{
```

```
width:280px;
height:30px;
}
#left #leftHonor ul li{
width:278px;
height:28px;
line-height:28px;
border:1px solid #666;
margin:5px 0;
}
#left #leftHonor ul li a{
display:block;
width:268px;
height:28px;
color:#930;
font-size:14px;
padding-left:10px;
text-decoration:none;
}
#left #leftHonor ul li a:hover{
background-color:#930;
color:#fff;
}
#left #leftSP{
width:280px;
height:60px;
}
```

此时网页在浏览器中的预览效果如图 9-39 所示。

图 9-39　添加主体左侧部分后的效果

（11）制作主体部分的中间部分。

在 index.html 文件的 middle 块中添加如下代码。

```
<div id="mTop">
    <h2>学院要闻<span><a href="#">更多...</a></span></h2>
    <ul>
        <li><a href="#">潍坊军分区司令员万伟峰来院调研</a></li>
        <li><a href="#">山东信息职业技术学院隆重召开庆祝中国共产党成立 92 周年暨表彰
</a></li>
        <li><a href="#">团学口"迎评促建"总结表彰大会成功举办</a></li>
        <li><a href="#">"我的梦•中国梦"青春励志讲坛成功举办</a></li>
        <li><a href="#">山东信息职业技术学院第十一届科技文化艺术节 PPT 制作大赛
</a></li>
        <li><a href="#">计算机工程系在全国 CaTICs 网络赛中喜获团体一等奖</a></li>
    </ul>
</div>
<div id="mImg"><img src="images/middle.jpg" width="460" height="60"
/></div>
<div id="mBot">
    <h2>系部动态<span><a href="#">更多>></a></span></h2>
    <ul>
        <li><a href="#">计算机应用技术专业与潍坊大吉大利信息有限公司开展校企合作
</a></li>
        <li><a href="#">说课互评，教学共进</a></li>
        <li><a href="#">计算机工程系第十届数字艺术设计作品大赛成功举行</a></li>
        <li><a href="#">计算机工程系首届"时光坐标杯"微电影大赛成功举行</a></li>
        <li><a href="#">计算机工程系第五届网页设计大赛成功举行</a></li>
        <li><a href="#">计算机工程系在全国 CaTICs 网络赛中喜获团体一等奖</a></li>
    </ul>
</div>
```

切换到 style.css 文件，继续添加如下样式表代码。

```
#middle #mTop,#middle #mBot{
width:460px;
height:211px;
}
#mTop h2,#mBot h2{
width:430px;
height:30px;
line-height:30px;
background:url(../images/dot.gif) no-repeat left center;
padding-left:30px;
}
```

```
#mTop h2 span,#mBot h2 span{
padding-left:300px;
font-size:12px;
font-weight:normal;
}
#mTop ul,#mBot ul{
width:450px;
height:181px;
padding:0 5px;
}
#mTop ul li,#mBot ul li{
width:440px;
height:28px;
line-height:28px;
background:url(../images/arror2.gif) no-repeat left center;
padding-left:10px;
}
#middle #mImg{
width:460px;
height:60px;
}
```

此时网页在浏览器中的预览效果如图 9-40 所示。

图 9-40　添加中间内容后的效果

（12）制作主体部分的右边部分。

在 index.html 文件的 right 块中添加如下代码。

```
<div id="rightTZ">
   <h2><img src="images/rightTZ.jpg" width="238". height="32" /></h2>
   <ul>
       <li><a href="#">滨海校区学生公寓采购招标公告</a></li>
       <li><a href="#">监控设备、台式电脑采购变更公告</a></li>
       <li><a href="#">2014 级新生校服制作招标公告</a></li>
```

```
        <li><a href="#">学院教室安装电源插座工程招标文件</a></li>
        <li><a href="#">滨海校区学生外墙工程施工招告</a></li>
        <li><a href="#">笔记本电脑采购招标公告</a></li>
        <li><a href="#">2014 级新生公寓用品采购招标公告</a></li>
    </ul>
  </div>
  <div id="rightEmail"><img src="images/rightEMAIL.jpg" width="240"
height="37" />  </div>
  <div id="rightXB">
    <h2>教学系部</h2>
    <ul>
      <li><a href="#">计算机系</a></li>
      <li><a href="#">电子系</a></li>
      <li><a href="#">管理系</a></li>
      <li><a href="#">基础部</a></li>
      <li><a href="#">软件系</a></li>
      <li><a href="#">信息系</a></li>
      <li><a href="#">航空系</a></li>
      <li><a href="#">数字媒体系</a></li>
      <li><a href="#">网络通信系</a></li>
      <li><a href="#">思政部</a></li>
    </ul>
  </div>
```

切换到 style.css 文件，继续添加如下样式表代码。

```
#rightTZ{
width:238px;
height:242px;
border: 1px solid #039;}

#rightTZ h2{
width:238px;
height:32px;
}
#rightTZ ul{
width:218px;
height:210px;
padding:0 10px;
}
#rightTZ ul li{
width:208px;
height:28px;
line-height:28px;
```

```
background:url(../images/arror2.gif) no-repeat left center;
padding-left:10px;
}
#rightEmail{
width:240px;
height:37px;
margin:5px 0;
}
#rightXB{
width:238px;
height:189px;
border:1px solid #06F;
}
#rightXB h2{
width:223px;
height:32px;
background:url(../images/rightBot1.jpg) no-repeat;
line-height:32px;
padding-left:15px;
font-size:14px;
color:#FFF;
}
#rightXB ul{
width:178px;
height:147px;
padding:5px 20px;
}
#rightXB ul li{
width:50%;
height:28px;
line-height:28px;
float:left;
}
```

此时网页主体部分在浏览器中的预览效果如图 9-41 所示。

（13）制作常用链接部分。

继续在 index.html 文件的代码视图中，在中间大块的下方添加如下代码。

```
<div id="bottomLink">
 <ul>
 <li><strong>常用链接：</strong></li>
 <li><a href="#">国家教育部</a></li>
 <li><a href="#">山东省教育厅</a></li>
```

```
<li><a href="#">山东人事管理</a></li>
<li><a href="#">山东教育招生考试院</a></li>
<li><a href="#">毕业生就业信息网</a></li>
<li><a href="#">中国高等职业教育网</a></li>
</ul>
</div>
```

图 9-41　添加右边内容后的效果

切换到 style.css 文件，继续添加如下样式表代码。

```
#bottomLink{
width:1000px;
height:30px;
line-height:30px;
background-color:#9CF;
text-align:center;
color:#000;
margin:0 auto;
margin-top:5px;
}
#bottomLink ul li{
float:left;
width:140px;
font-size:14px;
}
#bottomLink ul li a{
font-size:14px;
color:#000;
}
```

常用链接部分的浏览效果如图 9-42 所示。

| 常用链接： | 国家教育部 | 山东省教育厅 | 山东人事管理 | 山东教育招生考试院 | 毕业生就业信息网 | 中国高等职业教育网 |

图 9-42　常用链接浏览效果

（14）制作版权信息部分。

继续在 index.html 文件的代码视图中，在常用链接块的下方添加如下代码。

```
<div id="footer">
版权所有：山东信息职业技术学院计算机系<br />
联系电话：0536-2931602<br />
通迅地址：山东潍坊东风东街 7494 号
</div>
```

切换到 style.css 文件，继续添加如下样式表代码。

```
#footer{
width:1000px;
height:60px;
text-align:center;
padding-top:20px;
margin:0 auto;
}
```

版权信息部分的浏览效果如图 9-43 所示。

版权所有：山东信息职业技术学院
联系电话：0536-2931601
通迅地址：山东潍坊东风东街7494号

图 9-43　版权信息部分浏览效果

至此，主页制作完成，浏览效果如图 9-1 所示。

9.5　网站模板页设计

模板页中的内容与主页中上部和底部的内容相同，所以模板页的制作可以先将主页保存为模板页，再修改制作成模板页即可。具体步骤如下。

（1）将主页另存为模板页。

打开首页文件 index.html，执行"文件" | "另存为模板"命令，在"另存为"文本框后面，输入文件名"moban"，单击"保存"，如图 9-44 所示。此时模板文件 moban.dwt 会自动保存到网站文件夹 templates 文件夹中。

图 9-44　"另存模板"对话框

（2）添加模板页中的块。

在模板页中，先将主体部分的 box 块删除，如图 9-45 所示。

图 9-45　删除主体部分 box 块之后的模板页

在模板页中原来 box 块的位置重新添加一个块，输入如下代码。

```html
<div id="mobanBox">
 <div id="mLeft"></div>
 <div id="mRight"></div>
</div>
```

继续切换到 style.css 文件，添加如下样式表代码。

```css
#mobanBox{
width:1000px;
overflow:hidden;
background-color:#FFF;
margin:0 auto;
}
#mobanBox #mLeft{
width:236px;
height:auto;
float:left;
border:2px solid #1f8bee;
}
#mobanBox #mRight{
width:750px;
height:auto;
float:left;
margin-left:10px;
}
```

（3）设计模板页的左侧部分。

在模板页的代码视图中，在 mLeft 块中继续添加如下内容的代码。

```html
<h2>学院概况</h2>
  <ul>
    <li><a href="#">学院简介</a></li>
    <li><a href="#">学院荣誉</a></li>
    <li><a href="#">国家级示范性软件学院</a></li>
    <li><a href="#">高技能人才培训基地</a></li>
```

```
    <li><a href="#">办公电话</a></li>
    <li><a href="#">联系方式</a></li>
    <li><a href="#">视频宣传</a></li>
  </ul>
```

切换到 style.css 文件，继续添加上面添加内容的样式表代码。

```
#mLeft h2{
width:206px;
height:32px;
line-height:32px;
background:url(../images/mobanbg1.jpg) no-repeat center center;
color:#fff;
font-size:16px;
padding-left:30px;
}
#mLeft ul{
width:216px;
padding:10px;
}
#mLeft ul li{
width:201px;
height:28px;
line-height:28px;
background:url(../images/mobandot.jpg) no-repeat left center;
padding-left:15px;
border-bottom:1px dashed #666666;
}
#mLeft ul li a{
font-size:14px;
color:#000;
}
```

此时模板页效果如图 9-46 所示。

图 9-46 添加左侧内容后的模板页

（4）设计模板页的右侧部分。

在模板页的代码视图中，在 mRight 块中继续添加如下内容的代码。

```
<h2>您的当前位置：网站首页>>学院概况>></h2>
```

切换到 style.css 文件，继续添加上面添加内容的样式表代码。

```
#mRight h2{
background:url(../images/mobandot2.jpg) no-repeat left center;
height:30px;
line-height:30px;
padding-left:30px;
font-size:12px;
font-weight:normal;
border-bottom:1px dashed #808080;
}
```

此时模板页效果如图 9-47 所示。

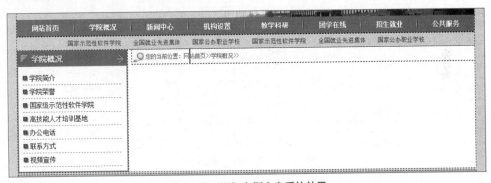

图 9-47 添加右侧内容后的效果

（5）给模板页添加可编辑区域。

选中模板页右侧的块 mRight，执行"插入" | "模板对象" | "可编辑区域"命令，插入可编辑区域，如图 9-48 所示。

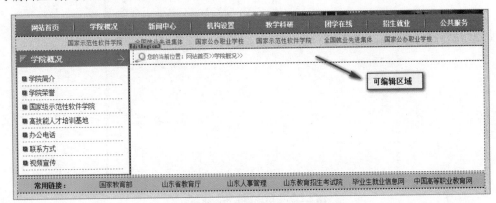

图 9-48 在模板页右侧插入可编辑区域

至此，模板页制作完成。

9.6 网站其他页面设计

9.6.1 制作学院简介页面

学院网站中的其他页面可以根据模板页来制作。学院简介页面制作完成后的效果如图 9-49 所示。

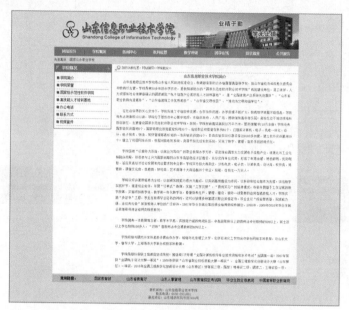

图 9-49 学院简介页面效果

制作学院简介页面的具体制作步骤如下。

（1）执行"文件"|"新建"|"模板中的页"命令，选中模板"moban"，单击"创建"按钮，如图 9-50 所示。

图 9-50 根据模板页创建网页

（2）在站点根目录下创建 introduce 文件夹，保存刚创建的文件到该文件夹中，文件名为 intr.html。切换到 intr.html 文件的代码视图，在可编辑区域中添加学院简介的文字内容，代码如下。

```
<div id="mRight">
    <h2>当前位置:首页&gt;&gt;学院概况&gt;&gt;学院简介</h2>
    <div id="intr">
    <h3>山东信息职业技术学院简介</h3>
    <p>山东信息职业技术学院是山东省人民政府批准设立、教育部备案的公办省属普通高等学校,
由山东省经济和信息化委员会和教育厅主管。学院具有 30 多年的办学历史,是教育部批办的"国家示范
性软件职业技术学院"首批建设单位,是工信部、人力资源和社会保障部确认的国家首批"电子信息产业
高技能人才培养基地", 是"全国信息产业系统先进集体"、"山东省职业教育先进集体"、"山东省德育工
作优秀高校"、"山东省文明校园"、"潍坊市文明和谐单位"。</p>
    …
    </div>
    </div>
```

添加内容后的网页如图 9-51 所示。

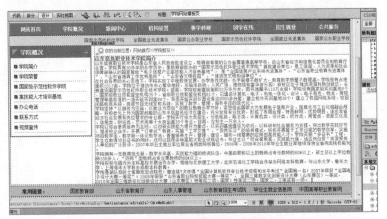

图 9-51　添加学院简介文字后的网页

切换到 style.css 文件，添加上面内容的样式表代码。

```
/*学院介绍页面*/
#intr{
width:720px;
height:auto;
padding:0 10px;
}
#intr h3{
width:720px;
height:30px;
font-size:14px;
line-height:30px;
text-align:center;
}
#intr p{
width:720px;
```

```
font-size:13px;
line-height:1.8em;
text-indent:2em;
margin-bottom:20px;
}
```

此时，浏览页面，效果如图 9-49 所示。

至此，学院简介页面制作完成。

9.6.2　制作学院荣誉列表页面

学院荣誉列表页面制作完成后的效果如图 9-52 所示。

图 9-52　学院荣誉列表页面

制作学院荣誉列表的具体制作步骤如下。

（1）执行"文件"｜"新建"｜"模板中的页"命令，选中模板 moban，单击"创建"按钮，创建文件，保存该文件到 introduce 文件夹中，文件名称为 honors.html。切换到 honors.html 文件的代码视图，在可编辑区域中添加学院荣誉的列表文字内容，代码如下。

```
<div id="mRight">
  <h2>您的当前位置：网站首页&gt;&gt;学院概况&gt;&gt;学院荣誉</h2>
  <div id="honor">
   <ul>
   <li><a href="#">第 7 届全国大学生作品设计大赛总决赛二等奖</a></li>
   <li><a href="#">2014 年 TI 杯山东省大学生电子设计竞赛一等奖 </a></li>
   <li><a href="#">山东省第二届高校微课教学比赛一等奖</a></li>
   …
   </ul>
   </div>
</div>
```

添加内容后的网页如图 9-53 所示。

图 9-53 添加学院荣誉文字后的网页

（2）切换到 style.css 文件，添加上面内容的样式表代码。

```
/*学院荣誉列表页面*/
#honor ul{
width:720px;
height:auto;
padding-left:10px;
padding-right:10px;
padding-top:10px;
}
#honor ul li{
width:720px;
height:30px;
line-height:30px
background:url(../images/dot1.jpg) no-repeat left center;
padding-left:10px;
}
#honor ul li a{
font-size:14px;
color:#000;
}
```

此时，浏览页面，效果图如图 9-52 所示。

至此，学院荣誉列表页面制作完成。

9.6.3 制作学院荣誉详细情况页面

学院荣誉详细情况页面制作完成后的效果如图 9-54 所示。

制作学院荣誉详细情况的具体制作步骤如下。

（1）执行"文件"｜"新建"｜"模板中的页"命令，选中模板 moban，单击"创建"按钮，创建文件，保存该文件到 introduce 文件夹中，文件名称为 honorl.html。切换到 honorl.html 文件的代码视图，在可编辑区域中添加学院荣誉的列表文字内容，代码如下。

图 9-54 学院荣誉详细情况页面

```
    <div id="mRight">
        <h2> 当 前 位 置 :<a href="#"> 首页 </a>&gt;&gt;<a href="#"> 学院概况
</a>&gt;&gt;<a href="#">学院荣誉</a>&gt;&gt;获奖</h2>
        <div id="honor1">
        <h3>第 7 届全国大学生作品设计大赛总决赛二等奖</h3>
        <p class="author"> 作者：佚名           点 击 数 ： 343
    发布日期：2014-9-30 8:58:18</p>
        <p class="content">8 月 14～17 日，第 7 届全国大学生作品设计大赛总决赛在河南郑州
的中州大学举行，来自全国近百所高职院校的由省赛选拔出的 180 多幅决赛作品参加评审，作品作者对
参赛作品进行展示并对评委提出的问题进行答辩，评委根据作品完成情况及作者答辩综合情况，评审出了
一等奖作品 14 幅，二等奖作品 51 幅，三等奖作品 119 幅，还有部分作品获优秀奖。我院软件工程系王
国强指导，吴可鑫、王文卿等同学完成的作品《山东信息职业技术学院 360 全景展示》获全国二等奖，
张兴科、纪新蕾老师指导，张奥运、崔键等同学完成的另两幅作品《XX 公司绩效测评系统》、《行动边缘》
获全国三等奖。</p>
        <div class="honor1Img"><img src="../images/huojiang1.jpg" width="500"
height="289" alt="获奖图片" /></div>
        </div>
    </div>
```

添加内容后的网页如图 9-55 所示。

（2）切换到 style.css 文件，添加上面内容的样式表代码。

```
/*获奖页面1*/
#honor1{
width:720px;
height:auto;
padding:0 10px;
}
```

图 9-55　添加荣誉文字后的网页

```
#honor1 h3{
width:720px;
height:30px;
font-size:16px;
line-height:30px;
margin-top:20px;
text-align:center;
}
#honor1 p.author{
width:720px;
font-size:12px;
line-height:30px;
margin-top:10px;
text-align:center;
}
#honor1 p.content{
width:720px;
font-size:14px;
line-height:1.8em;
text-indent:2em;
margin:20px 0;
}
#honor1 .honor1Img{
width:720px;
text-align:center;
}
```

此时，浏览页面，效果如图 9-54 所示。

至此，学院荣誉详细情况页面制作完成。

9.6.4 制作高技能人才培训基地页面

高技能人才培训基地页面制作完成后的效果如图 9-56 所示。该页面需要插入 FlashPaper 文档。该文档由 Word 文档转化而成。网上可以搜到该类转换软件。FlashPaper 文档可以避免文字内容被随意复制等。

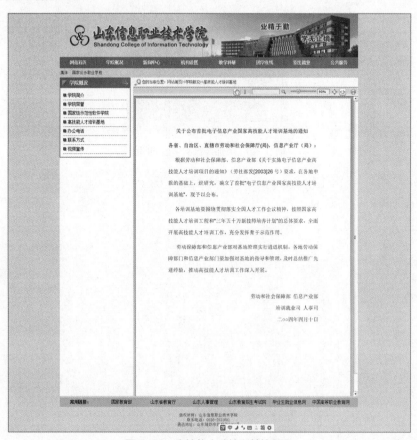

图 9-56 高技能人才培训基地页面

制作高科技人才培训基地的具体制作步骤如下。

（1）执行"文件"｜"新建"｜"模板中的页"命令，选中模板 moban，单击"创建"按钮，创建文件，保存该文件到 introduce 文件夹中，文件名称为 field.html。切换到 field.html 文件的代码视图，在可编辑区域中定义一个 field 块，代码如下。

```
<div id="mRight">
    <h2>当前位置:<a href="#">首页</a>&gt;&gt;<a href="#">学院概况</a>&gt;&gt;
<a href="#">学院荣誉</a>&gt;&gt;高技能人才培训基地</h2>
    <div id="field"></div>
</div>
```

将光标放入 field 块中，执行"插入"｜"媒体"｜"SWF"命令，选择素材文件夹 SWF 中的 tongzhi.swf 文件，单击"确定"按钮。

（2）在设计视图中，选中页面中的 swf 文件对象，在属性面板中设置该文件的宽为 750 像素，高为 1000 像素，如图 9-57 所示。

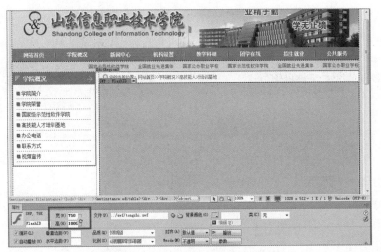

图 9-57　加入 FlashPaper 后的网页

切换到 style.css 文件，添加 field 块的样式表代码。

```
/*高技能人才培训基地页面*/
#field{
width:750px;
height:1000px;
}
```

此时，浏览页面，效果如图 9-56 所示。

至此，高技能人才培训基地页面制作完成。

9.6.5　制作办公电话页面

办公电话页面制作完成后的效果如图 9-58 所示。采用 DIV 布局的页面也可以利用表格显示一些数据。因此在该页面中需要插入表格，在表格中输入部门及联系电话等信息。

图 9-58　办公电话页面

制作办公电话页面的具体制作步骤如下。

（1）执行"文件"｜"新建"｜"模板中的页"命令，选中模板 moban，单击"创建"按钮，创建文件，保存该文件到 introduce 文件夹中，文件名称为 tel.html。切换到 tel.html 文件的代码视图，在可编辑区域中定义一个 tel 块，代码如下。

```
<div id="mRight">
```

```
        <h2>当前位置:<a href="#">首页</a>&gt;&gt;<a href="#">学院概况</a>&gt;&gt;
办公电话</h2>
        <div id="tel">
         <h3>办公电话</h3>
        </div>
    </div>
```

（2）将光标放入 tel 块中"<h3>办公电话</h3>"后面，执行"插入"｜"表格"命令，插入 8 行 6 列的表格。设置好每行单元格的宽度和高度，输入部门及联系电话等信息。

切换到 style.css 文件，添加 tel 块的样式表代码。

```
/*办公电话页面*/
#tel{
width:750px;
height:auto;
margin:20px auto;
}
#tel h3{
text-align:center;
height:30px;
line-height:30px;
}
```

浏览页面，效果如图 9-58 所示。

注意   表格的样式可以通过下方的属性窗口来设置，也可以在样式表中创建 CSS 样式实现。请同学们自行完成。

至此，办公电话页面制作完成。

9.6.6 制作视频宣传页面

视频宣传页面制作完成后的效果如图 9-59 所示。该页面需要插入 FLV 视频文件。如果视频不是该种格式，可以通过相关软件进行视频格式转换。

制作视频宣传的具体制作步骤如下。

执行"文件"｜"新建"｜"模板中的页"命令，选中模板 moban，单击"创建"按钮，创建文件，保存该文件到 introduce 文件夹中，文件名称为 video.html。切换到 video.html 文件的代码视图，在可编辑区域中定义一个 video 块，代码如下。

```
<div id="mRight">
  <h2>您的当前位置：网站首页&gt;&gt;学院概况&gt;&gt;学院宣传片</h2>
  <div id="video">
    <h3>学院宣传片</h3>
    <p></p>
  </div>
</div>
```

图 9-59　视频宣传页面

　　将光标放入 video 块中的<p>和</p>标记中，执行"插入"｜"媒体"｜"FLV…"命令，出现图 9-60 所示对话框，单击"浏览"按钮，选择素材文件夹 media 中的 xcp.FLV 文件，设置视频播放窗口的宽度和高度，并选中"自动播放"和"自动重新播放"选项，最后单击"确定"按钮。

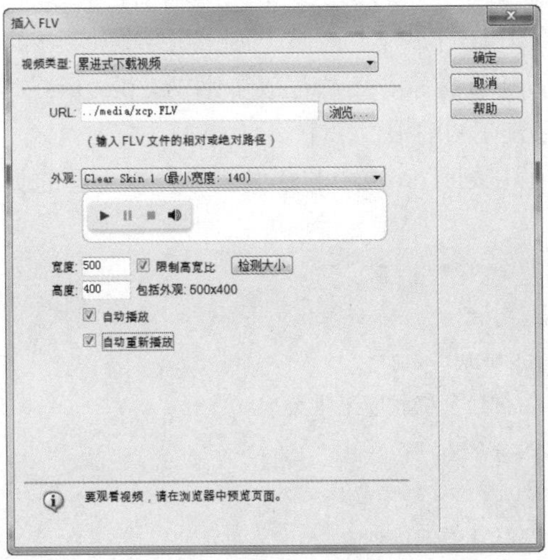

图 9-60　插入 FLV 视频文件

切换到 style.css 文件，添加 video 块的样式表代码。

```
/*视频宣传页面*/
#video{
width:720px;
height:auto;
padding:0 10px;
}
#video h3{
width:720px;
```

```
height:30px;
font-size:16px;
line-height:30px;
text-align:center;
}
#video p{
width:720px;
height:450px;
text-align:center;
}
```

此时，浏览页面，效果如图 9-59 所示。

至此，视频宣传页面制作完成。

本网站其他页面由读者自行完成，具体内容可参考山东信息职业学院网站 http://www.sdcit.cn。

9.7 添加首页中的 JavaScript 脚本

JavaScript 脚本实际上是一种嵌入 HTML 文件中的程序，可以实现一些页面的动态效果。它是一种基于对象和事件驱动，并具有安全性能的脚本语言。

在信息学院网站上，采用图片展示幻灯片 Flash 切换效果。该网站中将 5 幅学院新闻图像大小设置为宽 280 像素、高 185 像素，图片存放于网站 "pictures" 文件夹中。将 Flash 动画的播放文件 "playswf.swf" 存放在网站根目录下。

将原来主页 index.html 中 leftTop 块中的图像删除，以下面的脚本代码替换，即可实现幻灯片切换效果。

```
<script type="text/javascript">
   <!--
      imgUrl1="pictures/1.jpg";
      imgtext1="学院召开全院教职工大会";
      imgLink1=escape("#");
      imgUrl2="pictures/2.jpg";
      imgtext2="学院召开干部培训会议";
      imgLink2=escape("#");
      imgUrl3="pictures/3.jpg";
      imgtext3="心理健康教育讲座";
      imgLink3=escape("#");
      imgUrl4="pictures/4.jpg";
      imgtext4="人才培养工作评估反馈会";
      imgLink4=escape("#");
      imgUrl5="pictures/5.jpg";
      imgtext5="学院与北京中清举行签约仪式";
      imgLink5=escape("#");
```

```
        var focus_width=280;
        var focus_height=185;
        var text_height=25;
        var swf_height = focus_height+text_height;
        var pics = imgUrl1+"|"+imgUrl2+"|"+imgUrl3+"|"+imgUrl4+"|"+imgUrl5
        var links = imgLink1+"|"+imgLink2+"|"+imgLink3+"|"+imgLink4+"|
"+imgLink5;
        var texts = imgtext1+"|"+imgtext2+"|"+imgtext3+"|"+imgtext4+"|
"+imgtext5;
        document.write('<object ID="focus_flash" classid="clsid:d27cdb6e-
ae6d-11cf-96b8-44553540000" codebase="http://fpdownload.macromedia.com/pub/
shockwave/cabs/flash/swflash.cab#version=6,0,0,0" width="'+ focus_width +'"
height="'+ swf_height +'">');
        document.write('<param name="allowScriptAccess" value="sameDomain">
<param name="movie" value="playswf.swf"><param name="quality" value="high">
<param name="bgcolor" value="#FFFFFF">');
        document.write('<param name="menu" value="false"><param name=wmode
value="opaque">');
        document.write('<param name="FlashVars" value="pics='+pics+'&links
='+links+'&texts='+texts+'&borderwidth='+focus_width+'&borderheight='+focus_
height+'&textheight='+text_height+'">');
        document.write('<embed ID="focus_flash" src="playswf.swf"
wmode="opaque" FlashVars="pics='+pics+'&links='+links+'&texts='+texts+
'&borderwidth='+focus_width+'&borderheight='+focus_height+'&textheight='+tex
t_height+'" menu="false" bgcolor="#C5C5C5" quality="high" width="'+ focus_width
+'" height="'+ swf_height +'" allowScriptAccess="sameDomain" type="application/
x-shockwave-flash" pluginspage="http://www.macromedia.com/go/getflashplayer"
/>');
    document.write('</object>');
        -->
      </script>
```

运行代码，效果如图 9-61 所示。

代码中：

（1）imgUrl1="pictures/1.jpg"：表示图片的来源。

（2）imgtext1="学院召开全院教职工大会"：表示图片下方显示的文字。

（3）imgLink1=escape("#")：表示单击图片时链接到的目标位置。

（4）focus_width=280：表示图片的宽度为 280 像素。

（5）focus_height=185：表示图片的高度为 185 像素。

（6）text_height=25：表示文本行所占的高度。

图 9-61　添加脚本后的主页

本章小结

　　本章完整地制作了一个学校网站。首先通过项目的需求分析，规划网站的功能。接着使用 Photoshop 制作网站效果图，对效果图切片后获得制作网站的素材。然后在 Dreamweaver CS6 中制作网站主页，再制作模板页，并根据模板页制作各个子页面。最后添加相关的脚本代码。读者可以在学习制作该网站的基础上掌握完整的网站制作过程。

习题 9

　　1. 模板页如何创建？如何根据模板页制作其他页面？模板页更新时，套用模板的页面会自动更新吗？

　　2. 如何在模板页中插入可编辑区域？

　　3. 怎样在网页中插入 Flash 动画文件？

　　4. 怎样在网页中插入视频文件？

实训 9

一、实训目的

1. 进一步掌握 CSS 的各种样式设置方法。

2. 掌握 DIV+CSS 网页布局的方法。

3. 掌握模板的创建与使用。

4. 掌握 JavaScript 脚本的使用方法。

二、实训内容

1. 按照本章案例步骤制作完整的信息学院网站。

2. 仿照信息学院网站制作步骤制作自己的班级网站。

三、实训总结

拓展阅读 9-1

Chapter 10

第 10 章

完整案例：发电设备公司动态网站制作

前面章节我们学习的都是静态网站的制作，实际上，绝大多数网站都是动态网站。动态网站本身带有数据库，通过后台直接更新网站的内容。因此本章学习企业类型动态网站的设计与制作。通过本章的学习，可以进一步熟悉使用 Photoshop 工具制作网页效果图的方法；学会使用 DIV+CSS 网页布局技术制作网页；学会配置与使用 IIS，结合使用 KesionCMS 内容管理系统制作动态网站；并学会使用 CMS 内容管理系统制作动态网站，这是当前社会上很流行并高效的制作动态网站的方法。本章学习目标（含素养要点）如下：

- 进一步掌握网页效果图设计的方法；
- 进一步掌握 DIV+CSS 网页布局的方法；
- 掌握 IIS 配置的方法；
- 掌握 KesionCMS 创建动态网站的方法；
- 熟悉企业动态网站的完整制作步骤（职业素养）。

10.1　发电设备公司动态网站描述

潍坊晨丰发电设备有限公司是一家专业从事柴油发电机组与控制屏设计、生产、销售和维修服务的企业。公司选用国内外优质柴油机和发电机，精工成套的发电机组，具有体积小、重量轻、耗油省、可靠性高、使用寿命长等特点，被广泛用于工厂、高层建筑、采矿、电信、高速公路等领域，深得用户青睐。

下面是潍坊晨丰发电设备有限公司网站部分页面的浏览效果，如图 10-1 到图 10-4 所示。

图 10-1　网站主页

图 10-2　留言页

图 10-3　后台登录页

图 10-4　后台管理页

10.2 网站规划

1. 网站需求分析

随着互联网的普及，网上展示自己企业的产品变得越来越有必要。设计公司网站的目的，就是能使任何人在任何时候、任何地方都能借助网络了解企业的基本情况与最新的产品信息。

潍坊晨丰发电设备有限公司网站的功能如图 10-5 所示。

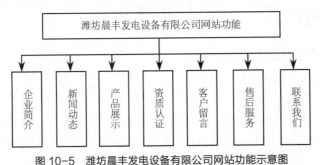

图 10-5 潍坊晨丰发电设备有限公司网站功能示意图

2. 网站的风格定位

潍坊晨丰发电设备有限公司网站是专业的从事发电机组生产的制造类网站，为了引起客户注意，网站采用了最吸引人的红色为主色调；为了平和红色，给人安静、平和的感觉，又在网站上运用了灰色，让用户看到网站时感觉既靓丽又舒服。同时网站主要是突出各类发电机组产品，因此在设计上力求简捷、大方，让用户对所有产品一目了然。

3. 规划草图

本网站主页的草图设计如图 10-6 所示。

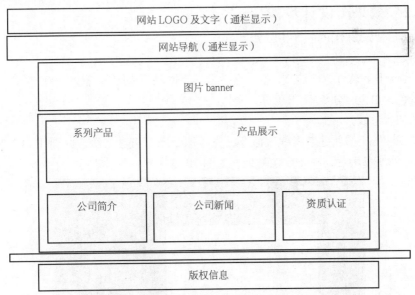

图 10-6 潍坊晨丰发电设备有限公司网站草图

4. 项目计划

本网站的开发流程如图 10-7 所示。

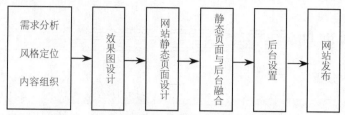

图 10-7　潍坊晨丰发电设备有限公司网站制作流程

10.3　效果图设计

10.3.1　效果图设计原则

效果图制作的原则：先背景，后前景，先上后下，先左后右。

本网站最终的效果如图 10-1 所示。

制作软件：Photoshop CS6 中文版。

针对此网页的效果图，采用前面谈的先背景、后前景、先上后下、先左后右的设计原则进行设计。

本效果图设计中用到的主要知识如下。

（1）参考线的使用。

（2）文字工具的应用。

（3）渐变工具的应用。

（4）矢量工具的应用。

（5）图层样式的应用。

（6）裁剪工具的应用。

10.3.2　效果图设计步骤

设计网站主页效果图的制作步骤如下。

（1）新建文件。

打开 Photoshop 软件，新建文件，命名为"晨丰网站效果图"，宽度 2000 像素，高度 1200 像素，背景色为白色，分辨率 72 像素/英寸。

（2）添加参考线。

执行"视图"｜"新建参考线"命令，先添加 2 条垂直参考线，分别在 500 像素、1500 像素处，1 条水平参考线，在 105 像素处，如图 10-8 所示。

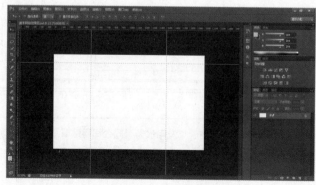

图 10-8　添加参考线

（3）制作网页顶部。

打开"logo.png"图标文件，使用移动工具将logo图标拖曳到当前效果图中。再选择文字工具，输入文字，并设置文字图层样式，如图10-9所示。将logo.png文件关闭。选择该部分的所有图层，按Ctrl+G键将所有图层合并成一个图层组，名称为"top"。

图10-9　网页顶部完成图

（4）制作导航部分。

执行"视图"｜"新建参考线"命令，再添加2条垂直参考线，分别在625像素、1375像素处；1条水平参考线，在140像素处，如图10-10所示。

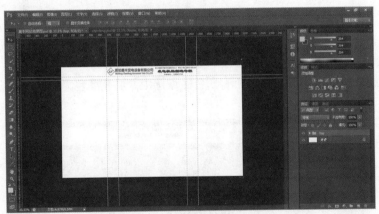

图10-10　添加参考线制作导航

新建图层，将图层命名为"导航矩形框"。选择矩形选框工具，样式设置为"固定大小"，设置长度为2000像素，高度为35像素，在两条水平参考线之间的左上角单击，选择矩形选框。设置前景色为"#c70412"，背景色为"#960203"。选中渐变工具，选择"线性渐变"，填充导航矩形框，如图10-11所示。

打开"灰色悬浮框.jpg"文件，使用移动工具将图像拖曳到导航框中，该灰色悬浮框是鼠标移动到每个导航项时出现的悬浮框。选择文字工具，输入导航部分的文字，设置文字大小为14点，颜色为白色，并使所有文字对齐，如图10-12所示。选择导航部分的所有图层，按Ctrl+G键将所有图层合并成一个图层组，命名为"nav"。

图 10-11　导航矩形框

图 10-12　完成后的导航条

（5）填充灰色背景。

选择矩形选框工具，将导航栏下所有白色区域选中，填充颜色为"#cccccc"，如图 10-13 所示。

图 10-13　填充灰色背景

（6）制作 banner 条部分。

在水平位置 412 像素处，继续添加第三条水平参考线。打开"banner1.jpg"，将图片拖曳到效果图的第二条和第三条水平线之间。完成后如图 10-14 所示。

图 10-14　制作 banner 条

（7）制作系列产品部分。

在水平位置 442 像素和 862 像素处，继续添加第四条和第五条水平参考线，将第三条和第五条之间的矩形用白色填充。再在 740 像素和 750 像素处添加两条垂直参考线。

新建图层，在第四条水平线上方用矩形选框工具，选择一个宽度为 150 像素、高度为 3 像素的固定大小的矩形选框，填充颜色为"#cb0724"，再在其右侧选择一个宽度为 90 像素、高度为 3 像素的固定大小的矩形选框，填充颜色为"#cbcbcb"，如图 10-15 所示。

图 10-15　添加标题文字下方的水平线段

在刚才制作的红灰线段的上方输入文字"系列产品"，再将图像 dot2.gif 拖曳到效果图中，并复制 13 个，使用文字工具输入系列产品名称。再使用直线工具绘制水平虚线，并运用对齐按钮将它们排列整齐，如图 10-16 所示。将该部分的所有图层合并成图层组，名称为"系列产品"。

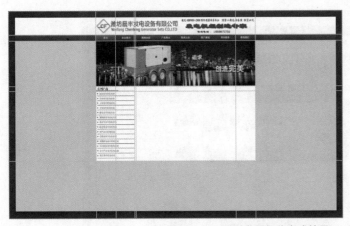

图 10-16　系列产品部分完成效果

（8）制作产品展示部分。

用同第（7）步类似的方法制作产品展示部分。注意：每张产品图像使用描边添加边框，描边粗细为 1 像素，颜色为"#cccccc"。完成后如图 10-17 所示。将该部分的所有图层合并成图层组，名称为"产品展示"。

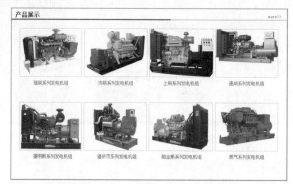

图 10-17　产品展示部分完成效果

（9）制作底部内容部分。

在水平位置 867 像素和 1067 像素处，继续添加第六条和第七条水平参考线，将第六条和第七条之间的矩形用白色填充。再在 800 像素和 1200 像素处添加两条垂直参考线。用上面类似的方法制作公司简介、公司新闻和资质认证三部分内容，各部分各自合并成图层组，名称分别为"公司简介""公司新闻"和"资质认证"。完成后如图 10-18 所示。

图 10-18　底部内容部分完成效果

（10）制作分隔条部分。

在水平位置 1072 像素和 1082 像素处，继续添加第八条和第九条水平参考线，将第八条和第九条之间的矩形（宽度 2000 像素、高度 10 像素）用深灰色（#424242）填充。如图 10-19 所示。

图 10-19　分隔条部分完成效果

（11）制作版权信息部分。

在水平位置 1162 像素处，继续添加第十条水平参考线，使用文本工具，输入页脚文本，字体为“宋体”、字号 12 点、文字颜色为“#ffffff”，居中对齐文本，如图 10-20 所示。

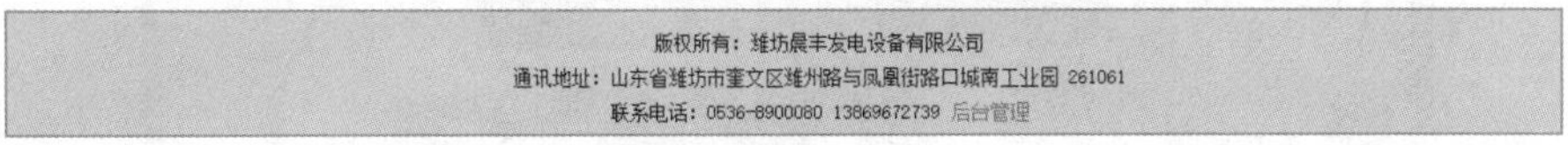
版权所有：潍坊晨丰发电设备有限公司
通讯地址：山东省潍坊市奎文区潍州路与凤凰街路口城南工业园 261061
联系电话：0536-8900080 13869672739 后台管理

图 10-20　版权信息

（12）裁剪并保存网页。

最后使用裁剪工具，将多余部分裁剪掉，保存网页效果图，最终效果如图 10-21 所示。

潍坊晨丰发电设备有限公司
Weifang Chenfeng Generator Sets CO.,LTD
咨询电话：13869672739
追求
创造完美

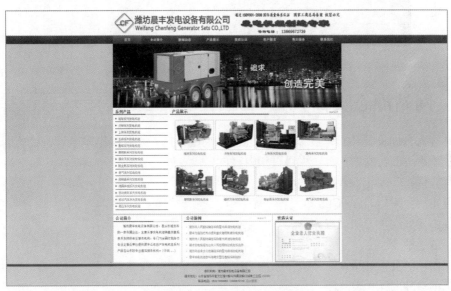

图 10-21　网站主页最终效果

10.3.3　效果图切片导出网页

选择“切片工具”，可以根据需要对图像进行切片。切片过程有以下几个技巧。

（1）将不需要在图像中包含的文字图层隐藏，然后进行切片。

（2）为了切片准确，减少误差，尽量放大图片进行切片。

（3）切片时如果能平铺形成的图片，只须切一个小的图片，如导航的背景图片。

（4）使用一个颜色作为背景的图片则不需要切片，在制作网页时进行设置背景色即可。

（5）通过设置 CSS 属性能实现的线条和图像周围的边框也不需要切片。

（6）在网页中使用的切片图片，要重新以英文或拼音进行命名，以便在制作网站时使用。

切片后的效果如图 10-22 所示。

切片创建完成后即可进行最后的网页导出，执行“文件”|“存储为 Web 设备所用格式”命令，将网页保存类型为“仅限图像”类型，单击“保存”按钮。此时切片后的图像会自动保存到 images 文件夹中。

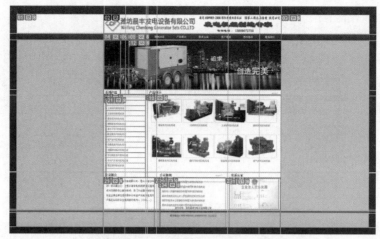

图 10-22　对网页进行划分切片后的效果

10.4　网站静态页面设计

网站静态页面设计其实是设计用于动态网站的模板页，因此晨丰发电设备公司网站只须设计三个静态页面：网站首页、栏目页和内容页。

设计软件：DreamWeaver CS6 中文版。

网页布局：采用 DIV+CSS 布局。

设计中用到的主要知识点如下。

（1）创建站点。

（2）创建网页，搭建页面结构，添加 DIV 块。

（3）创建外部样式表。

（4）设置网页中各元素的 CSS 样式。

10.4.1　网站首页设计

根据主页规划草图，DIV 块的划分如图 10-23 所示。

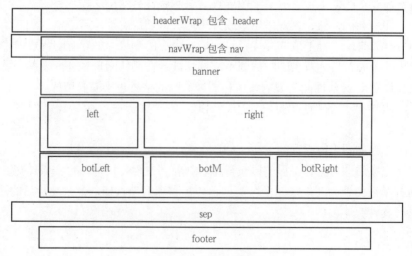

图 10-23　首页布局划分

以效果图中切出的图片素材为基础，使用 Dreamweaver CS6 软件创建站点，设计页面。具体步骤如下。

（1）在磁盘 E 盘根目录下创建网站文件夹：发电设备公司静态网站，将素材中提供的文件夹 images 拷贝到该文件夹下。

（2）启动 Dreamweaver CS6，通过"站点"｜"新建站点"命令，创建网站站点，站点名称为发电设备公司静态网站，本地站点文件夹为 E:\发电设备公司静态网站\。

（3）在站点中新建一个网页文件，命名为"网站首页.html"。此处网页文件之所以采用汉字命名，是因为最终做成动态网站时，该文件只是作为模板文件，所以文件名可以为汉字。

（4）在站点中创建 CSS 样式表文件，并保存 CSS 文件到 images 文件夹中，命名为"style1.css"，然后书写通用 body 的样式，以及通用超级链接的样式，代码如下。

```
*{
margin:0;
padding:0;
border:0;
list-style:none;
}
body{
font-size:12px;
color:#000;
font-family:"宋体";
background:#CCC;
}
a{
color:#696969;
text-decoration:none;
}
a:hover{
color:#900;
text-decoration:underline;
}
```

（5）在"CSS 样式表"面板中，首先单击附加样式表按钮 ，再单击"浏览"按钮；然后选择已创建的样式表文件"style1.css"；最后单击"确定"按钮，将 style1.css 样式表附加到"网站首页.html"页面中。

（6）制作网站首页的顶部。

在网站首页.html 的代码窗口，输入如下代码。

```
<div id="headerWrap">
 <div id="header">
  <img src="images/top1.gif" width="1000" height="105" />
 </div>
</div>
```

上述代码中，headerWrap 块包含 header 块，header 块中的图像也可通过菜单"插入"｜

"图像"的方式来插入，而不必输入<img ...>的代码。

切换到 style1.css 文件，继续添加如下样式表代码。

```css
#headerWrap{
width:100%;
height:105px;
background-color:#FFF
}
#header{
width:1000px;
height:105px;
margin:0 auto;
}
```

上述代码中，设置 headerWrap 块的宽度与浏览器的宽度相同，被包含的 header 块的宽度为 1000 像素，在 headerWrap 块中居中显示。

（7）制作网站首页的导航条部分。

导航条内容用列表实现，使用 CSS 样式设置导航块和列表及超链接的各种样式。

继续在"网站首页.html"的代码窗口，输入如下代码。

```html
<div id="navWrap">
 <div id="nav">
  <ul>
   <ul>
      <li><a href="#">首页</a></li>
      <li><a href="#">企业简介</a></li>
      <li><a href="#">新闻动态</a></li>
      <li><a href="#">产品展示</a></li>
      <li><a href="#">资质认证</a></li>
      <li><a href="#">客户留言</a></li>
      <li><a href="#">售后服务</a></li>
      <li><a href="#">联系我们</a></li>
   </ul>
  </ul>
 </div>
</div>
```

上述代码中，navWrap 块包含 nav 块。

切换到 style1.css 文件，继续添加如下样式表代码。

```css
#navWrap{
width:100%;
height:35px;
background:url(navbg1.jpg);
}
#nav{
```

```
width:1000px;

height:35px;

margin:0 auto;

}

#nav ul li{

width:125px;

height:35px;

float:left;

text-align:center;

line-height:35px;

}

#nav ul li a{

display:block;

width:125px;

height:35px;

color:#fff;

font-size:14px;

font-weight:bold;

}

#nav ul li a:hover{

background:url(navbg2.jpg);

text-decoration:none;

}
```

上述代码中，设置 navWrap 块的宽度与浏览器的宽度相同，被包含的 nav 块的宽度为 1000 像素，在 navWrap 块中居中显示。超链接 a 的 display 属性设置为"block"，就可以设置超链接的宽度和高度以及设置鼠标悬浮时的背景图像。

此时网页在浏览器中的预览效果如图 10-24 所示。

图 10-24 网页顶部及导航浏览效果

（8）制作 banner 部分。

继续在网站首页的代码窗口，输入如下代码。

```
<div id="banner"><img src="images/banner1.jpg" width="1000" height="272"
/></div>
```

切换到 style1.css 文件，继续添加如下样式表代码。

```
#banner{

width:1000px;
```

```
height:272px;
margin:0 auto;
}
```

此时网页在浏览器中的预览效果如图 10-25 所示。

图 10-25　添加 banner 后的效果

（9）制作系列产品和产品展示部分。

继续在网站首页的代码窗口，输入如下代码。

```
<div id="content">
 <div id="left">
 <h2>系列产品</h2>
 <ul>
    <li><a href="#">潍柴系列发电机组</a></li>
    <li><a href="#">济柴系列发电机组</a></li>
    <li><a href="#">上柴系列发电机组</a></li>
    <li><a href="#">玉柴系列发电机组</a> </li>
    <li><a href="#">通柴系列发电机组</a></li>
    <li><a href="#">康明斯系列发电机组</a> </li>
    <li><a href="#">道依茨系列发电机组</a></li>
    <li><a href="#">帕金斯系列发电机组</a></li>
    <li><a href="#">燃气系列发电机组</a></li>
    <li><a href="#">低噪音系列发电机组</a></li>
    <li><a href="#">德国奔驰系列发电机组</a></li>
    <li><a href="#">移动拖车系列发电机组</a></li>
    <li><a href="#">移动汽车系列发电机组</a></li>
    <li><a href="#">高压系列发电机组</a></li>
 </ul>
</div>
<div id="right">
 <div id="productsList">
  <h2>产品展示<span><a href="#">more>></a></span></h2>
  <ul>
```

```
        <li>
        <p><a href="#"><img src="images/products/weichai1.jpg" width="170"
height="126" /></a></p>
        <P class="text"><a href="#">潍柴系列发电机组</a></P>
        </li>
         <li>
        <p><a  href="#"><img  src="images/products/jichai1.jpg"  width="170"
height="126" /></a></p>
        <P class="text"><a href="#">济柴系列发电机组</a></P>
        </li>
         <li>
        <p><a href="#"><img src="images/products/shangchai1.jpg" width="170"
height="126" /></a></p>
        <P class="text"><a href="#">上柴系列发电机组</a></P>
        </li>
         <li>
        <p><a  href="#"><img  src="images/products/tongchai1.jpg"  width="170"
height="126" /></a></p>
        <P class="text"><a href="#">通柴系列发电机组</a></P>
        </li>
         <li>
        <p><a href="#"><img src="images/products/kangmingsi1.jpg" width="170"
height="126" /></a></p>
        <P class="text"><a href="#">康明斯系列发电机组</a></P>
        </li>
         <li>
        <p><a href="#"><img src="images/products/daoyici1.jpg" width="170"
height="126" /></a></p>
        <P class="text"><a href="#">道依茨系列发电机组</a></P>
        </li>
         <li>
        <p><a href="#"><img src="images/products/pajinsi1.jpg" width="170"
height="126" /></a></p>
        <P class="text"><a href="#">帕金斯系列发电机组</a></P>
        </li>
         <li>
        <p><a href="#"><img src="images/products/ranqi1.jpg" width="170"
height="126" /></a></p>
        <P class="text"><a href="#">燃气系列发电机组</a></P>
        </li>
    </ul>
    </div>
```

```
</div>
</div>
```

上述代码中，left 块用于显示系列产品名称，right 块用于显示产品列表。left 块和 right 块都包含在 content 块中。系列产品和产品列表中的内容都用列表来构建。

切换到 style1.css 文件，继续添加如下样式表代码。

```
#content{
width:1000px;
overflow:hidden;
margin:0 auto;
background-color:#FFF;
}
#left{
width:240px;
height:auto;
float:left;
}
#left h2{
width:230px;
height:30px;
line-height:30px;
background:url(titlebg1.gif) no-repeat left bottom;
font-size:16px;
padding-left:10px;
}
#left ul{
width:230px;
height:auto;
padding-left:10px;
}
#left ul li{
width:220px;
height:28px;
line-height:28px;
background:url(arror.gif) no-repeat left center;
padding-left:10px;
border-bottom:1px dashed #666666;
}
#right{
width:750px;
height:auto;
float:right;
```

```
}
#productsList h2{
width:740px;
height:30px;
line-height:30px;
background:url(titlebg2.gif) no-repeat left bottom;
font-size:16px;
padding-left:10px;
}
#productsList h2 span a{
font-size:12px;
padding-left:600px;
font-weight:normal;
}
#productsList ul{
width:710px;
height:380px;
padding:20px;
}
#productsList ul li{
width:176px;
height:190px;
float:left;
}
#productsList ul li img{
width:170px;
height:126px;
border:1px solid #CCC;
margin:2px;
}
#productsList ul li p.text{
text-align:center;
line-height:28px;
}
```

此时网页在浏览器中的预览效果如图 10-26 所示。

（10）制作底部内容部分。

继续在网站首页的代码窗口，输入如下代码。

```
<div id="boxBot">
 <div id="botLeft">
  <h2>公司简介</h2>
```

图 10-26　添加系列产品和产品展示后的效果

```html
        <p class="intr"><span>潍坊晨丰发电设备有限公司</span>，是山东潍坊市的一家市属企
业，主要从事发电机组销售及售后技术支持的专业服务机构，专门为全国行地各行各业企事业单位提供晨
丰公司自产发电机组系列产品在山东的专业售后服务机构。<span><a href="#">[详细...]</a>
</span>。</p>
    </div>
    <div id="botM">
    <h2>公司新闻<span><a href="#">more>></a></span></h2>
    <ul>
    <li><a href="#">潍坊市人民医院确定采购星光柴油发电机组</a></li>
    <li><a href="#">晨丰为潍坊疗养点提供重庆康明斯牌发电机组</a></li>
    <li><a href="#">潍坊人民医院招标选定星光发电机组</a></li>
    <li><a href="#">晨丰发电机组与山东人民检察院达成友好合作</a></li>
    <li><a href="#">潍坊市自来水公司确定采购星光柴油发电机组</a></li>
    <li><a href="#">晨丰发电机组参与海南农垦总医院采购招标</a></li>
    </ul>
    </div>
    <div id="botRight">
     <h2>资质认证</h2>
     <p><img src="images/yingyezhizhao.jpg" width="279" height="170" /></p>
    </div>
    </div>
```

上述代码中，boxBot 块包含 botLeft 块、botM 块和 botRight 块，botLeft 块用于显示公司
介绍，botM 块用于显示公司新闻，botRight 块用于资质认证图像。

切换到 style1.css 文件，继续添加如下样式表代码。

```css
#boxBot{
```

```
width:1000px;
overflow:hidden;
margin:5px auto 0;
background-color:#FFF;
}
#botLeft{
width:299px;
height:200px;
float:left;
border-right:1px solid #AAA;
}
#botRight{
width:289px;
height:200px;
float:left;
border-left:1px solid #AAA;
padding-left:10px;
}
#botM{
width:380px;
height:200px;
margin:0 10px;
float:left;
}
#botLeft h2,#botRight h2{
width:279px;
height:30px;
line-height:30px;
background:url(titlebg3.gif) no-repeat left bottom;
font-size:16px;
padding-left:10px;
}
.intr{
font-size:13px;
line-height:25px;
text-indent:2em;
padding:10px;
}
#botLeft span{
color:#c20928;
font-weight:bold;
}
```

```
#botLeft span a{
color:#c20928;
font-weight:normal;
}
#botM h2{
width:370px;
height:30px;
line-height:30px;
background:url(titlebg4.gif) no-repeat left bottom;
font-size:16px;
padding-left:10px;
}
#botM h2 span a{
font-size:12px;
padding-left:250px;
font-weight:normal;
}
#botM ul{
width:280px;
height:180px;
padding:10px;
}
#botM ul li{
width:270px;
height:26px;
line-height:26px;
padding-left:10px;
background:url(dot.gif) no-repeat left center;
}
#botRight img{
width:273px;
height:164px;
border:1px solid #000;
margin:2px;
}
```

此时网页在浏览器中的预览效果如图 10-27 所示。

（11）制作分隔条。

分隔条用于分隔上面主体内容与版权信息部分。继续在网站首页的代码窗口，输入如下代码。

```
<div id="sep"></div>
```

图 10-27 添加底部内容后的效果

切换到 style1.css 文件，继续添加如下样式表代码。

```
#sep{
width:100%;
height:10px;
background-color:#424242;
margin:5px auto 0;
}
```

此时网页在浏览器中的预览效果如图 10-28 所示。

图 10-28 添加分隔条后的效果

（12）制作版权信息部分。

继续在网站首页的代码窗口，输入如下代码。

```
<div id="footer">
  <p>版权所有：潍坊晨丰发电设备有限公司<br />
  通讯地址：山东省潍坊市奎文区潍州路与凤凰街路口城南工业园 261061<br />
联系电话：0536-8900080 13869672739<a href="/Admin/Login.asp">后台管理</a></p>
</div>
```

切换到 style1.css 文件，继续添加如下样式表代码。

```
#footer{
width:1000px;
height:80px;
line-height:20px;
text-align:center;
padding-top:15px;
margin:0 auto;
}
```

此时网页在浏览器中的预览效果如图 10-29 所示。

图 10-29　网站首页完成后的效果

10.4.2　栏目页设计

栏目页的最终效果如图 10-30 所示。

图 10-30　栏目页效果

从图 10-30 可以看出，该页面与网站首页相比只是中间主体内容不同。栏目页的 DIV 块的划分如图 10-31 所示。

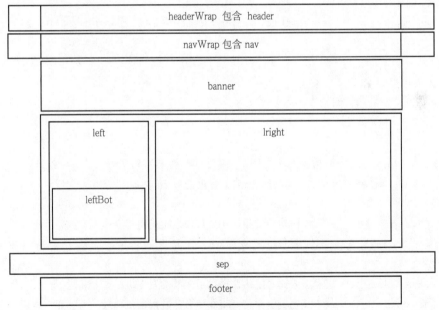

图 10-31　栏目页的 DIV 块的划分

栏目页设计步骤如下。

（1）栏目页与网站首页的内容有许多相同的地方，因此可以将"网站首页.html"复制一份，更名为"栏目页.html"，然后对其进行相应修改即可。

（2）栏目页的主体结构的代码修改如下。

```
<div id="content">
 <div id="left">
 <h2>系列产品</h2>
 <ul>
        <li><a href="#">潍柴系列发电机组</a></li>
        <li><a href="#">济柴系列发电机组</a></li>
        <li><a href="#">上柴系列发电机组</a></li>
        <li><a href="#">玉柴系列发电机组</a> </li>
        <li><a href="#">通柴系列发电机组</a></li>
        <li><a href="#">康明斯系列发电机组</a> </li>
        <li><a href="#">道依茨系列发电机组</a></li>
        <li><a href="#">帕金斯系列发电机组</a></li>
        <li><a href="#">燃气系列发电机组</a></li>
        <li><a href="#">低噪音系列发电机组</a></li>
        <li><a href="#">德国奔驰系列发电机组</a></li>
        <li><a href="#">移动拖车系列发电机组</a></li>
        <li><a href="#">移动汽车系列发电机组</a></li>
        <li><a href="#">高压系列发电机组</a></li>
 </ul>
 <div id="leftBot">
 <h2>图说晨丰</h2>
 <p><img src="images/chenfeng.jpg" width="240" height="180" /></p>
 </div>
 </div>
 <div id="lright">
 <h2>您的当前位置：网站首页>>新闻动态</h2>
 <div id="newsList">
 <ul>
 <li><a href="#">潍坊晨丰发电设备有限公司在本月底举行年会</a></li>
 <li><a href="#">晨丰为三亚疗养点提供重庆康明斯牌发电机组晨丰为三亚疗养点
</a></li>
 <li><a href="#">三亚人民检察院招标选定晨丰发电机组</a></li>
 <li><a href="#">晨丰发电机组与海南人民检察院达成友好合作晨丰为三亚疗养点
</a></li>
 <li><a href="#">文登市人民医院确定采购晨丰柴油发电机组</a></li>
 <li><a href="#">晨丰发电机组参与海南农垦总医院采购招标晨丰为三亚疗养点</a></li>
 <li><a href="#">文登市人民医院确定采购晨丰柴油发电机组</a></li>
 <li><a href="#">晨丰为三亚疗养点提供重庆康明斯牌发电机组晨丰为三亚疗养点
</a></li>
        <li><a href="#">三亚人民检察院招标选定晨丰发电机组</a></li>
        <li><a href="#">晨丰发电机组与海南人民检察院达成友好合作</a></li>
        <li><a href="#">文登市人民医院确定采购晨丰柴油发电机组</a></li>
```

```
<li><a href="#">晨丰发电机组参与海南农垦总医院采购招标晨丰为三亚疗养点</a></li>
<li><a href="#">文登市人民医院确定采购晨丰柴油发电机组</a></li>
<li><a href="#">晨丰为三亚疗养点提供重庆康明斯牌发电机组晨丰为三亚疗养点
</a></li>
<li><a href="#">三亚人民检察院招标选定晨丰发电机组</a></li>
<li><a href="#">晨丰发电机组与海南人民检察院达成友好合作</a></li>
<li><a href="#">文登市人民医院确定采购晨丰柴油发电机组</a></li>
<li><a href="#">晨丰发电机组参与海南农垦总医院采购招标</a></li>
<li><a href="#">文登市人民医院确定采购晨丰柴油发电机组晨丰为三亚疗养点</a></li>
<li><a href="#">晨丰发电机组参与海南农垦总医院采购招标</a></li>
</ul>
</div>
</div>
</div>
```

切换到 style1.css 文件，继续添加如下栏目页样式表代码。

```
/*栏目页*/
#leftBot img{
width:232px;
height:172px;
border:1px solid #000;margin:3px;
}
#lright{
width:750px;
height:auto;
float:right;
}
#lright h2{
width:740px;
height:30px;
line-height:30px;
background:url(titlebg2.gif) no-repeat left bottom;
font-size:12px;
font-weight:normal;
padding-left:10px;
}
#newsList ul{
width:730px;
height:auto;
padding:10px;
}
#newsList ul li{
width:720px;
```

```
height:28px;
line-height:28px;
padding-left:10px;
background:url(dot.gif) no-repeat left center;
border-bottom:1px dotted #E8E8E8;
}
#newsList ul li a{
font-size:14px;
color:#333;
}
```

此时网页在浏览器中的预览效果如图 10-30 所示。

注意　　栏目页的样式表代码仍然放在 style1.css 样式表文件中，因此栏目页中的 headerWrap 块、header 块、navWrap 块、nav 块、content 块和 left 块等的样式与网站首页中的这些块的样式是相同的，不需要重新定义，只定义与网站首页不同的块的样式即可。

10.4.3　内容页设计

内容页的最终效果如图 10-32 所示。

图 10-32　内容页效果

从图 10-32 可以看出，该页面与栏目页只是中间右侧内容不同。内容页的 DIV 块的划分与栏目页是完全相同的。

内容页设计步骤如下。

（1）将"栏目页.html"复制一份，更名为"内容页.html"，然后进行相应修改即可。

（2）内容页的主体结构右侧的代码修改如下。

```
<div id="lright">
   <h2>您的当前位置：网站首页>>新闻动态>>晨丰发电设备公司举行年会</h2>
   <div id="newsDetails">
      <h3>晨丰发电设备公司举行年会</h3>
      <h4>作者：lzy  访问次数：35 次</h4>
      <p class="content">2014 年年会将在本月底在富华大酒店举行。将邀请社会各界人士参加。
2013 年年会将在本月底在富华大酒店举行。将邀请社会各界人士参加。2013 年年会将在本月底在富华
大酒店举行。将邀请社会各界人士参加。2013 年年会将在本月底在富华大酒店举行。将邀请社会各界人
士参加。</p>
      <p class="content">2014 年年会将在本月底在富华大酒店举行。将邀请社会各界人士参加。
2013 年年会将在本月底在富华大酒店举行。将邀请社会各界人士参加。2013 年年会将在本月底在富华
大酒店举行。将邀请社会各界人士参加。2013 年年会将在本月底在富华大酒店举行。将邀请社会各界人
士参加。</p>
      <p class="content">2014 年年会将在本月底在富华大酒店举行。将邀请社会各界人士参加。
2013 年年会将在本月底在富华大酒店举行。将邀请社会各界人士参加。2013 年年会将在本月底在富华
大酒店举行。将邀请社会各界人士参加。2013 年年会将在本月底在富华大酒店举行。将邀请社会各界人
士参加。</p>
      <p><img src="images/nianhui.jpg" width="400" height="337" /></p>
   </div>
</div>
```

切换到 style1.css 文件，继续添加如下内容页样式表代码。

```
/*内容页*/
#newsDetails h3{
font-size:16px;
text-align:center;
height:30px;
line-height:30px;
padding-top:10px;
}
#newsDetails h4{
font-size:12px;
text-align:center;
height:40px;
line-height:40px;
font-weight:normal;
}
```

```
.content{
font-size:14px;
line-height:25px;
text-indent:2em;
margin-bottom:20px;
}
#newsDetails p img{
width:400px;
height:300px;
padding:0 0 20px 160px;
}
```

此时网页在浏览器中的预览效果如图 10-32 所示。

至此静态网站部分制作完成。

10.5 KesionCMS 后台管理系统的使用

10.5.1 KesionCMS 介绍

CMS 的英文全称是：Content Management System，中文名称是：网站内容管理系统。CMS 是当前流行的快速创建动态网站的一种工具软件。潍坊晨丰发电设备有限公司网站便是使用科汛网站管理系统（KesionCMS）进行后台管理，使前台静态页面与后台数据库融合，完成动态网站系统。

KesionCMS 网站管理系统系厦门科汛软件有限公司独立研发。该公司自 2006 年发布第一个 V1.0 版本以来，始终围绕网站建设及管理进行持续的技术创新和产品研发。KesionCMS 拥有广泛的用户群，目前有 56 万余家网站选择该产品搭建。其开发语言采用 ASP 或 ASP.NET，有免费版本和收费版本，免费版本的数据库采用 ACCESS 数据库。为了降低成本，潍坊晨丰发电设备公司网站采用了免费的 X1.0 版本。

KesionCMS 系统拥有十余个主系统模块，如文章、图片、下载、问答、论坛、商城、团购、供求、人才、考试、影视、微博，以及上百个子系统模块，如站内调查、友情链接、广告系统、积分、评论等。该系统还可以根据需要自定义模型和表单、字段来拓展网站的功能需求；同时具有灵活的产品架构、严密的安全性。KesionCMS 系统百分百开放源代码方便功能的扩展，采用 ASP+ACCESS/MSSQL 数据库架构，适合于各行各类的网站应用平台，是使用广泛的"万能建站管理系统"。

KesionCMS 系统主要特点如下。

（1）百分百开源，无后顾之忧。

KesionCMS 系统秉承开源的宗旨，让网站二次开发更方便，无后顾之忧。该系统采用业界最强大的 ASP 管理系统，保持更新、更安全的人性化操作界面，让管理更简单。

（2）功能模块化，良好的用户体验。

KesionCMS 系统由十几个主模型和近百个子系统融合在同一个后台，各模型可根据网站需要单击鼠标开启或禁用，后台操作方便、快捷，无须计算机专业人士便可操作。

（3）灵活的模板标签管理、更自由。

KesionCMS 系统前台模板制作方便，只需要在 DW 中编辑模板即可，其丰富的标签管理、极度灵活的自定义循环体和样式结合，可轻松打造各种网页效果，"只有想不到，没有做不到！"

（4）集成多家主流支付接口和账号通。

KesionCMS 系统集成十几家常用的第三方支付平台，如支付宝、财付通、网银等，并支持腾讯 QQ、支付宝账号及新浪微博账号通。

10.5.2　KesionCMS 完成动态网站的步骤

使用 KesionCMS 后台管理系统完成动态网站的主要步骤如下。

（1）KesionCMS 网站管理平台与静态页面的整合。

（2）IIS 的安装与配置。

（3）栏目的设置。

（4）标签的创建。

（5）网站模板的添加。

（6）文章内容的添加。

（7）各级超链接的设置。

（8）网站测试与后期完善。

10.5.3　静态页面与 KesionCMS 的整合

下载后的 KesionCMS 系统是一个压缩包，不能够直接使用，所以必须进行解压缩。具体步骤如下。

（1）首先创建文件夹"发电设备公司动态网站"，将前面做好的静态页面"网站首页.html""栏目页.html""内容页.html"和 images 文件夹拷贝到"发电设备公司动态网站"文件夹中。

（2）将下载的"KesionCMS X1.0.150526Free(utf-8).rar"压缩包进行解压缩，然后将"Upload"文件夹中的所有内容拷贝至"发电设备公司动态网站"文件夹，并将图像文件夹合并。如图 10-33 所示。

图 10-33　KesionCMS 系统解压缩后与静态网页的整合

10.6　IIS 的安装与配置

要使用科讯网站管理系统创建动态网页，首先要从硬件和软件方面配置好运行环境。

在硬件方面，必须安装网卡，并安装 TCP/IP、服务器软件以及浏览器软件。

在软件方面，应当安装服务器软件 IIS。下面介绍在 Windows 10 系统中如何安装与配置 IIS（Windows 7 及以上系统安装方法类似），步骤如下。

（1）右键单击"开始"菜单，选择"控制面板"命令。

（2）在"控制面板"窗口中选择"程序"，在右侧选择"程序和功能"中的"启用或关闭 Windows 功能"选项，如图 10-34 所示。即可打开图 10-35 所示的"Windows 功能"对话框。

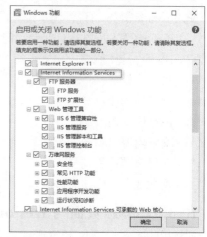

图 10-34 "控制面板"窗口　　　　　　　　图 10-35 "Windows 功能"对话框

（3）在图 10-35 所示的"Windows 功能"对话框中，选择"Internet Information Services"即 Internet 信息服务组件，并把其下的所有组件选中。然后单击"确定"按钮，安装所有 IIS 组件。

（4）单击"控制面板"|"系统和安全"，选择右侧的"管理工具"，双击"Internet Information Services（IIS）管理器"，打开"Internet Information Services（IIS）管理器"窗口，如图 10-36 所示。在窗口左侧展开服务器节点，右键单击"网站"，从快捷菜单中选择"添加网站"子菜单，打开"添加网站"对话框，如图 10-37 所示。

图 10-36 "Internet Information Services（IIS）管理器"窗口　　　图 10-37 "添加网站"对话框

（5）在"添加网站"对话框中输入网站名称"晨丰发电设备公司动态网站"，设置好网站的物理路径，输入一个未使用的端口号：8005。然后单击"确定"按钮。此时在 IIS 中添加网站完成，如图 10-38 所示。

图 10-38　添加网站后的"Internet Information Services（IIS）管理器"窗口

（6）选择刚添加的网站，双击右侧 IIS 中的"ASP"项，设置"启用父路径"的值为"True"，如图 10-39 所示。

图 10-39　启用父路径

10.7　后台登录与设置

10.7.1　后台登录

添加网站后，在"Internet Information Services（IIS）管理器"窗口的右侧内容视图中，找到 Admin 文件夹中的 login.asp 文件，右键单击选择"浏览"，并进行登录。输入的用户名和密码分别为 admin、admin888，登录后台管理系统。如图 10-40 所示。

图 10-40　登录窗口

10.7.2　基本信息设置

单击上方的"设置"菜单，再单击左侧的"系统参数配置"，设置网站的基本信息，如图 10-41 所示。然后单击"保存设置"。

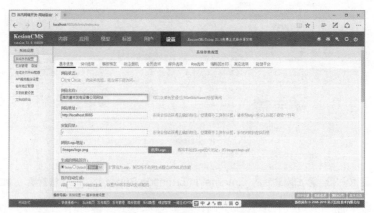

图 10-41　网站基本信息设置

10.7.3　设置网站栏目

单击上方的"内容"菜单，再单击左侧的"栏目管理"，把原来的除"首页"外的栏目全部删除，设置为晨丰发电设备公司网站的所有栏目。

（1）添加"企业简介"栏目。

单击上方的菜单中的"添加栏目"，在栏目名称后输入：企业简介，栏目类型为"系统"。然后单击"确定增加"按钮，添加"企业简介"栏目，如图 10-42 所示。

图 10-42　添加"企业简介"栏目

① 栏目类型有"系统""外部链接"和"单页面"三种，如果该栏目下有许多页面，则选择栏目类型为"系统"。如果该栏目链接的是外部网址，则选择栏目类型为"外部链接"。如果该栏目下只有一个页面，则选择"单页面"，而且需要在新建栏目时，直接输入页面的内容。

② 系统栏目的首页模板和内容页模板暂时先不做设置，在晨丰发电设备公司系统模板创建后再设置即可。

③ 对所有栏目可以进行删除、编辑或添加子栏目等操作。

（2）用类似的方法再添加其他系统栏目，如图 10-43 所示。

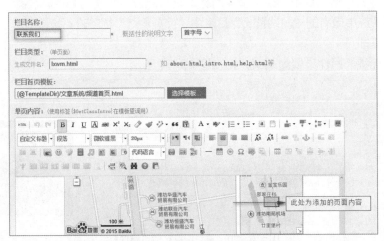

图 10-43 系统所有栏目

因"联系我们"栏目中只有一个页面，因此选择该栏目类型为单页面，图 10-44 是该栏目添加时的相关设置。

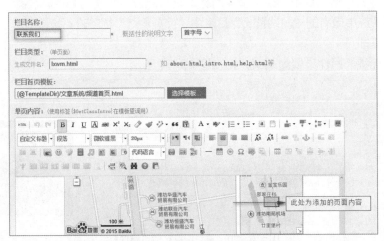

图 10-44 设置"联系我们"栏目

 注意

　　单页面中的内容可以直接输入，也可以从别的地方粘贴，还可以通过工具栏按钮添加各种元素。图 10-44 中是通过工具栏按钮添加的百度地图查找到的公司地址。

10.8 创建系统函数标签

　　标签属于模板的重要组成部分，是前台显示与后台数据间动态信息互通的纽带和桥梁。所有在后台添加的信息在前台显示前，都通过标签的方式进行设置并由系统进行解析，经模板页面格式化后在前台表现为用户可访问的信息。

KesionCMS 系统分系统函数标签、自定义 SQL 函数标签、自定义静态标签、自定义生成 XML 文档、分页样式管理、系统 JS 管理、自定义 JS 管理、生成顶部菜单和生成树形菜单等标签。

系统函数标签是系统内置的已经定义好的标签，用户可以根据系统函数标签来克隆自己需要的标签，也可以自定义标签输出格式。一般不太复杂的网站页面只使用系统函数标签即可。系统函数标签调用格式如下。

{LB_标签名称}

注意　　　　　　标签名称是用户自定义或系统函数的标签名称。

下面介绍在晨丰发电设备公司网站中需要创建的系统函数标签。

单击上方的"标签"菜单，再单击左侧的"系统函数标签"，单击上方的"添加目录"，创建目录 myLabel，在该目录中依次添加图 10-45 所示的 6 个标签。

图 10-45　添加的系统函数标签

这些标签可以根据系统中的原有类似的标签进行克隆，再进行修改。譬如，"my 首页幻灯"可以根据系统中原有的"网站首页"目录中"首页幻灯"标签进行克隆，然后修改成"my 首页幻灯"标签即可。

上面 6 个标签的属性设置如图 10-46 至图 10-51 所示。

图 10-46　"my 首页幻灯"标签属性设置

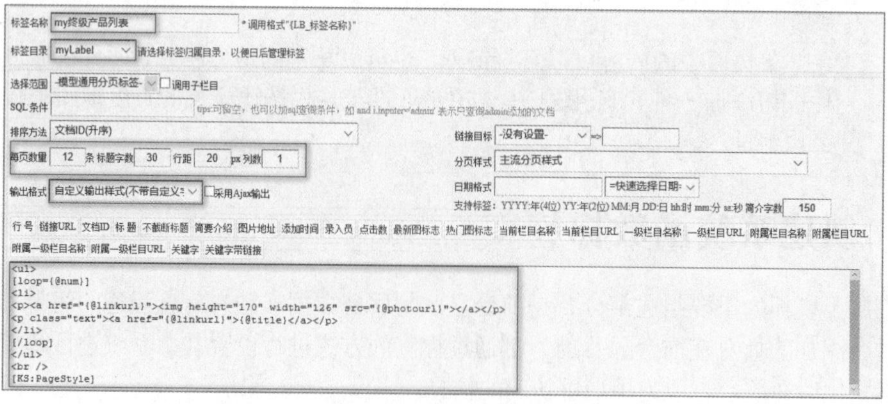

图 10-47　"my 终极产品列表"标签属性设置

图 10-48　"my 首页产品列表 top8"标签属性设置

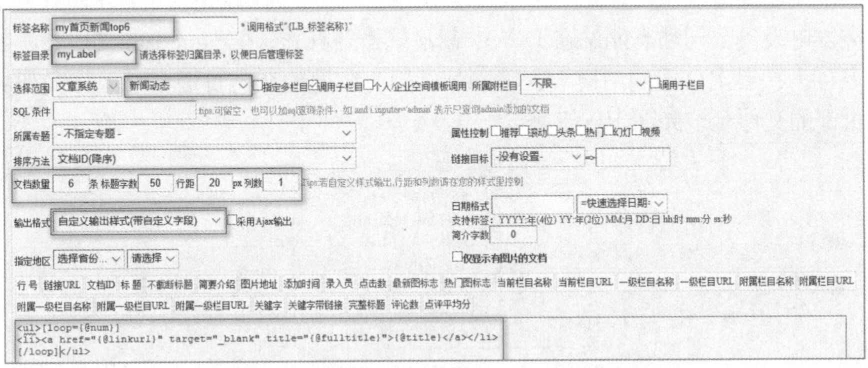

```
<ul>[loop={@num}]<li>
<p><a href="{@linkurl}"><img src="{@photourl}" width="178" height="132" /></a></p>
<P class="text"><a href="{@linkurl}">{@title}</a></P>
</li>[/loop]</ul>
```

图 10-49　"my 首页新闻 top6"标签属性设置

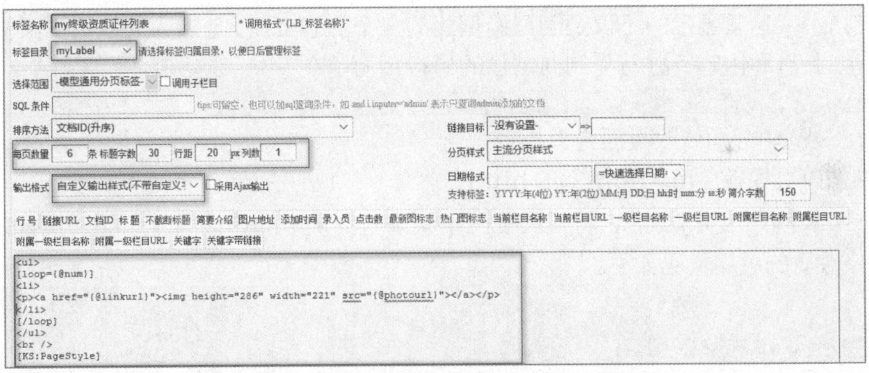

```
<ul>[loop={@num}]
<li><a href="{@linkurl}" target="_blank" title="{@fulltitle}">{@title}</a></li>
[/loop]</ul>
```

图 10-50　"my 终级资质证件列表" 标签属性设置

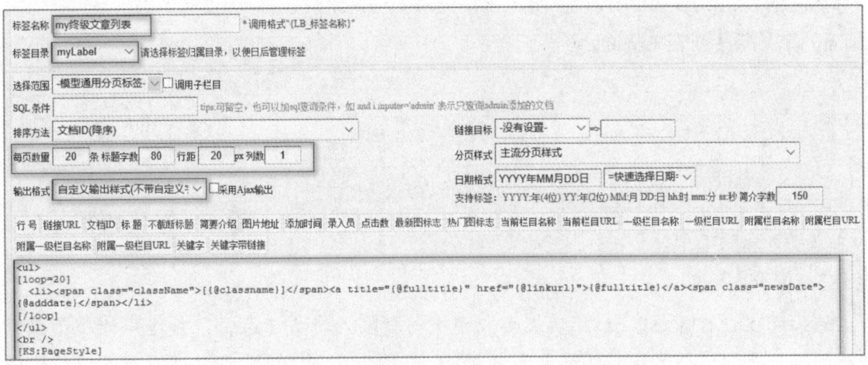

```
<ul>
[loop={@num}]
<li>
<p><a href="{@linkurl}"><img height="286" width="221" src="{@photourl}"></a></p>
</li>
[/loop]
</ul>
<br />
[KS:PageStyle]
```

图 10-51　"my 终级文章列表" 标签属性设置

```
<ul>
[loop=20]
<li><span class="className">[{@classname}]</span><a title="{@fulltitle}" href="{@linkurl}">{@fulltitle}</a><span class="newsDate">{@adddate}</span></li>
[/loop]
</ul>
<br />
[KS:PageStyle]
```

上述系统函数标签的创建中用到了一些通用标签，例如，{@title}表示文章标题，{@linkurl}表示链接的目标地址等。在 KesionCMS 系统中，这样的标签有很多，同学们可到 KesionCMS 官网上的在线手册进行查阅、使用。

10.9　创建网站模板

网站模板是指前台显示时所看到的网页的界面布局形式，如图片和文字要显示的位置等样式。版式模板包括网站通用模板和各频道的首页、栏目页、内容页等页面的模板。本章在创建静态页面时已在 DW 中创建了三个静态页面,其实这三个页面都是准备用作模板的文件，但这三个页面还需要进行修改，如添加系统函数标签等。创建网站模板的具体步骤如下。

将晨丰发电设备公司动态网站在 DW 中创建站点并打开，在 Template 文件夹中新建一个文件夹，名称为：晨丰公司网站模板，将网站中原先创建的静态页面都移入该文件夹中，并修改每个页面的文件名，如图 10-52 所示。

图 10-52　晨丰公司网站模板文件

这里显示的不仅是刚开始创建的三个静态页面,是因为其他页面又根据栏目页和内容页进行复制而制作的模板页面。

下面在 DW 中分别修改页面为模板页。

1．网站首页模板：my 网站首页.html

打开 "my 网站首页.html"，将代码视图中原来有关块中的具体内容删除，代替以系统函数标签，修改后的关键代码如下。

```
…
<div id="right">
 <div id="productsList">
  <h2>产品展示<span><a href="#">more>></a></span></h2>
  {LB_my 首页产品列表 top8}
 </div>
</div>
</div>
<div id="boxBot">
 <div id="botLeft">
  <h2>公司简介</h2>
  <p class="intr"><span>潍坊晨丰发电设备有限公司</span>，是山东潍坊市最具发展前景
的一家发电机组销售及售后技术支持的专业服务机构,专门为全国各地各行各业企事业单位提供晨丰集团
```

自产发电机组系列产品在山东及全国的专业售后服务机构。`<span><a href="#">[详细...]</a></span>`。`</p>`

```
  </div>
  <div id="botM">
  <h2>公司新闻<span><a href="/Item/list.asp?id=1534">more>></a></span></h2>
   {LB_my 首页新闻 top6}
  </div>
  <div id="botRight">
    <h2>资质认证</h2>
    <div id="ppt">{LB_my 首页幻灯}</div>
  </div>
  </div>
  <div id="sep"></div>
  …
```

此时，在 DW 中浏览该页面，显示效果如图 10-53 所示。

图 10-53　网站首页模板

2．栏目页模板：my 栏目页.html

打开"my 栏目页.html"，将代码视图中原来有关块中的具体内容删除，代替以系统函数标签，修改后的关键代码如下。

```
  …
  <div id="lright">
  <h2>{LB_位置导航}</h2>
    <div id="lanmu">
      {LB_my 终级文章列表}
```

```
        </div>
    </div>
    </div>
    <div id="sep"></div>
    …
```

注意

{LB_位置导航}是系统函数标签，其作用是获得网页的导航位置路径。

此时，在 DW 中浏览该页面，显示效果如图 10-54 所示。

图 10-54　栏目页模板

3．内容页模板：my 内容页.html

打开"my 内容页.html"，将代码视图中原来有关块中的具体内容删除，代替以系统函数标签，修改后的关键代码如下。

```
    …
    <div id="lright">
      <h2>{LB_位置导航}</h2>
        <div id="articleC">
            <h3>{$GetArticleTitle}</h3>
            <h4    style="font-size:13px;text-align:center;height:30px;line-
height:30px;font-weight:normal;">作者：{$GetArticleAuthor}   
 点击：{$GetHits}次</h4>
            <p class="articleContent">{$GetArticleContent}</p>
            <p class="page"> {$GetArticlePageList}</p>
```

```
        </div>
    </div>
    </div>
    <div id="sep"></div>
    …
```

注意

{$GetArticleTitle}标签是获取文章标题，{$GetArticleAuthor}标签是获取文章作者，{$GetHits}标签是获取文章点击次数，{$GetArticleContent}标签是获取文章内容，{$GetArticlePageList}标签是获取分页内容，这些标签都是KesionCMS 系统的通用标签。

浏览该页面，显示效果如图 10-55 所示。

图 10-55　内容页模板

4．产品栏目页模板：my 产品栏目页.html

产品栏目页用于显示各种产品图片，不同于其他栏目页，因此产品栏目页模板需要单独创建。制作这个页面时，可以将"my 栏目页.html"复制一份，名称改为"my 产品栏目页.html"，将"my 栏目页.html"代码视图中原来 lright 块的内容替换为如下代码内容。

```
…
<div id="lcright">
<h2>{LB_位置导航}</h2>
    <div id="products">
    {LB_my 终级产品列表}
    </div>
</div>
…
```

此时右边的块已改名为 lcright，这个块是在这个页面中新添加的块，因此需要在样式表 style1.css 中写上这个页面的样式，样式代码如下。

```
/*产品展示栏目页*/
#lcright{
width:750px;
height:auto;
float:right;
}
#lcright h2{
width:740px;
height:30px;
line-height:30px;
background:url(titleBG22.gif) no-repeat left bottom;
font-size:12px;
font-weight:normal;
padding-left:10px;
}
#lcright #products ul{
width:710px;
overflow:hidden;
padding:20px;
}
#lcright #products ul li{
width:176px;
height:190px;
float:left;
}
#lcright #products ul li img{
width:170px;
height:126px;
border:1px solid #CCC;
margin:2px;
}
#lcright #products ul li p.text{
text-align:center;
line-height:28px;
}
```

浏览该页面，显示效果如图 10-56 所示。

图 10-56　产品栏目页模板

5．资质栏目页模板：my 资质栏目页.html

资质栏目页用于显示各种资质图片，也不同于其他栏目页，因此也需要单独创建。制作这个页面时，可以将"my 产品栏目页.html"复制一份，名称改为"my 资质栏目页.html"，然后修改代码如下。

```
…
<div id="lcright">
<h2>{LB_位置导航}</h2>
    <div id="cards">
    {LB_my 终级资质证件列表}
    </div>
</div>
…
```

显示资质图片时，与产品图片显示样式不同，因此需要在样式表 style1.css 中写上这个页面的样式，样式代码如下。

```
/*资质证件栏目页*/
#cards ul{
width:710px;
height:600px;
padding:20px;
}
#cards ul li{
width:235px;
height:300px;
float:left;
```

```
}
#cards ul li img{
width:221px;
height:286px;
border:2px solid #000;
margin:5px;
}
.cardsImg{
width:500px;
height:600px;
border:2px solid #666;
margin-left:130px;
}
```

浏览该页面，显示效果如图 10-57 所示。

图 10-57　资质栏目页模板

6．关于我们页面模板：my 关于我们.html

关于我们页面是单页面，因此需要单独创建模板。制作这个页面时，可以将"栏目页.html"复制一份，名称改为"my 关于我们.html"，然后修改代码如下。

```
…
<div id="lright">
  <h2>{LB_位置导航}</h2>
    <div id="aboutUS">
        <p class="articleContent"> {$GetClassIntro}</p>
    </div>
</div>
…
```

在样式表 style1.css 中再写上这个页面的样式，样式代码如下。

```
/*关于我们页*/
#lright #aboutUS p.articleContent{
font-size:14px;
line-height:25px;
text-indent:2em;
margin-bottom:20px;
}
```

浏览该页面，显示效果如图 10-58 所示。

图 10-58　关于我们页模板

7．留言页面模板：my 留言页面.html

留言页面是用表格显示表单的，因此也需要单独创建模板。制作这个页面时，可以将"栏目页.html"复制一份，名称改为"my 留言页面.html"，然后修改代码如下。

```
…
<div id="lright">
  <h2>{LB_位置导航}</h2>
  <h3 style="text-align:center; margin:20px 0;font-size:20px;">请您留言
</h3>
  <div id="liuyan"><script type="text/javascript" src="{#GetFullDomain}/
plus/form/form.asp?id=1&m={$ChannelID}&d={$InfoID}"></script>
  </div>
</div>
…
```

上述代码中，"<script type="text/javascript" src="{#GetFullDomain}/plus/form/form.asp?id=1&m={$ChannelID}&d={$InfoID}"></script>"是用于调用表单的脚本代码。后面再对这行代码的生成方法进行介绍，这里可以先不输入该行代码。

在样式表 style1.css 中再写上这个页面的样式，样式代码如下。

```css
/*留言页面*/
#liuyan table {
background-color:#D9D9D9;
width:98%;
border-bottom:none;
border-right:1px solid #none;
border-left:1px solid #666;
border-top:1px solid #666;
text-indent:0;
font-size:12px;
margin-left:10px;
}
#liuyan table td {
border-bottom:1px solid #666;
border-right:1px solid #666;
height:30px;
}
```

浏览该页面，显示效果如图 10-59 所示。

图 10-59　留言页面模板

至此，晨丰公司网站的所有模板创建完成。

10.10　模板绑定

模版绑定的操作步骤如下。

（1）在 IIS 服务管理器后台中，单击上方"设置"选项卡，再选择"系统参数配置"，选择"模板绑定"，在"网站首页模板"后面，选择首页需要绑定的模板，从晨丰公司网站模板文件夹中选择"my 首页模板.html"，进行绑定，如图 10-60 所示。

图 10-60　首页模板绑定

（2）在 IIS 服务管理器中，在后台选择"栏目管理"，在右侧选择一个栏目，单击"编辑栏目"。在编辑栏目时，选择栏目首页模板和内容页模板。图 10-61 所示是企业简介栏目所绑定的模板。

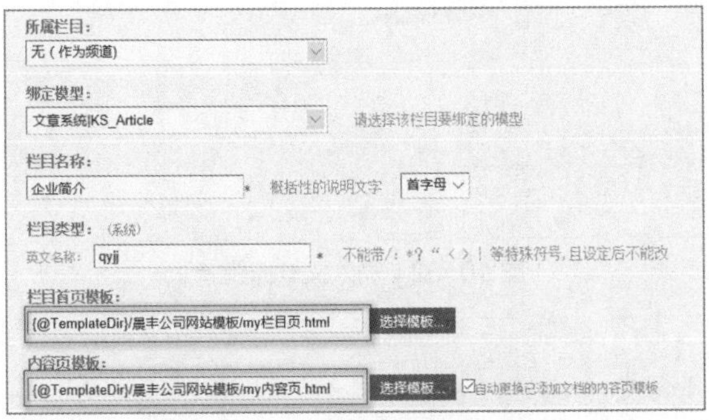

图 10-61　企业简介栏目模板绑定

用同样的方法再绑定其他栏目的模板。其他栏目绑定的模板如表 10-1 所示。

表 10-1　其他栏目绑定的模板

栏目名称	模板名称
新闻动态	栏目首页模板：my 栏目页.html 内容页模板：　my 内容页.html
产品展示	栏目首页模板：my 产品栏目页.html 内容页模板：　my 内容页.html
资质认证	栏目首页模板：my 资质栏目页.html 内容页模板：　my 内容页.html

续表

栏目名称	模板名称
售后服务	栏目首页模板：my 栏目页.html 内容页模板： my 内容页.html
联系我们	栏目首页模板：my 关于我们.html
客户留言	栏目首页模板：my 留言页面.html 内容页模板： my 留言页面.html

至此，栏目模板绑定完成。

10.11 添加文章内容

在后台管理窗口中，在上方选择"内容"选项卡，在左侧选择"文章系统"，单击上方的"添加文章"，出现添加文章窗口。

例如，向"新闻动态"栏目添加一篇文章的界面如图 10-62 和图 10-63 所示。

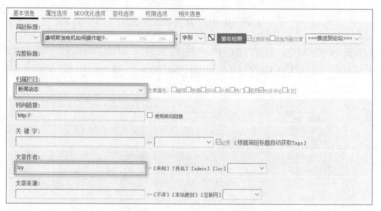

图 10-62 输入文章标题等

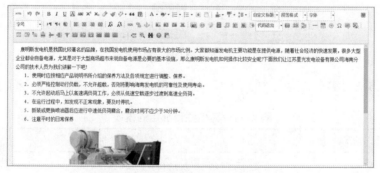

图 10-63 在编辑框中添加文章内容

由图 10-63 可以看出，添加文章内容时的编辑器类似于 Word 编辑软件，很容易添加文字和图片、表格、视频等内容。图片添加后，会自动保存到网站的 UploadFiles 文件夹中。

依照上面的方法，依次添加各栏目中的若干文章内容，使网站内容充实。添加文章后，在文章管理界面中，通过单击文章标题可以浏览文章页面，图 10-64 是刚才添加的新闻页面浏览效果。

图 10-64　浏览文章内容

10.12　创建留言页面

留言页面实际上就是表单页面，是与用户进行交互的页面。通过留言页面，客户可以进行留言并留下自己的信息等，便于日后的联系和处理。

KesionCMS 系统中创建表单的方法是：单击上方的 "应用"菜单，选择左侧的"自定义表单"，再选择"添加表单"，出现"自定义表单管理"窗口，在该窗口输入表单名称、表名称等内容后，再单击"确定增加"按钮，添加表单。如图 10-65 所示。

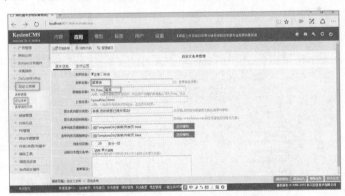

图 10-65　"自定义表单管理"窗口

创建表单后，选择表单后面的"字段管理"，依次添加表单中的字段，也就是表单所包含的项目，图 10-66 所示是留言表中所添加的所有字段。

字段创建完成后，再为表单创建模板，一般选择"自动生成"即可。然后预览表单，如图 10-67 所示。如果对创建的表单满意，单击上方的"调用代码"，就可以得到表单调用代码，然后将代码粘贴到"my 留言页面.html"页面模板中，留言页面就创建完成了。

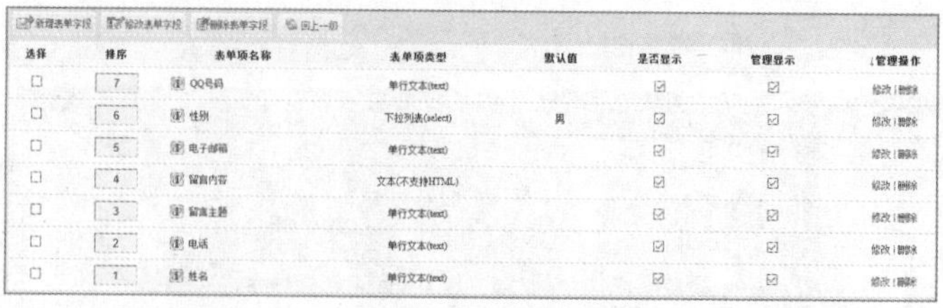

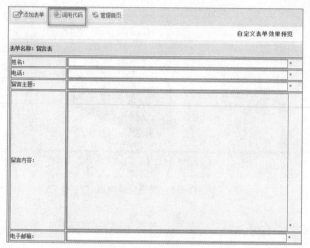

图 10-66　添加表单的字段

添加表单
调用代码
管理首页
自定义表单效果预览
表单名称：留言表
姓名：
电话：
留言主题：
留言内容：
电子邮箱：

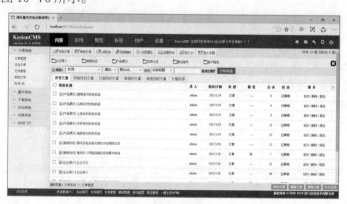

图 10-67　预览表单

10.13　发布首页

在后台，单击下方的“发布首页”按钮，如图 10-68 所示。对网站首页进行生成，发布后，出现图 10-69 所示的界面，在该界面中，单击“浏览首页”按钮，可对首页进行浏览，首页浏览效果如图 10-70 所示。

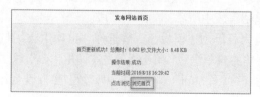

图 10-68　发布首页

发布网站首页
首页更新成功！总费时：0.062 秒,文件大小：8.48 KB
操作结果:成功
当前时间:2016/8/18 16:29:42
点击浏览
浏览首页

图 10-69　发布首页成功

图 10-70　浏览首页

10.14　创建模板中的超链接

晨丰发电公司网站的所有页面都是通过模板生成的，因此页面之间的超链接也要通过模板页来创建。下面举例说明网站首页导航栏中"企业简介"栏目的超链接创建方法，其他模板页和栏目中创建超链接的方法类似。

创建模板中的超链接方法如下。

在后台，显示栏目管理页面，单击"企业简介"栏目后面的"预览"按钮，如图 10-71 所示。单击"预览"按钮后，显示该栏目页面，如图 10-72 所示。在地址栏中得到该页面的链接地址，进行复制。用同样的方法得到其他栏目页的链接地址。

图 10-71　预览"企业简介"栏目页

图 10-72 "企业简介"栏目页浏览效果

再单击下方的"模板管理"按钮，打开晨丰公司网站模板，在每个模板中依次对需要设置超链接的位置添加超链接的目标地址，添加了超链接的网站首页模板的完整代码如下。

```
<!DOCTYPE html PUBLIC "-//W3C//DTD XHTML 1.0 Transitional//EN"
"http://www.w3.org/TR/xhtml1/DTD/xhtml1-transitional.dtd">
<html xmlns="http://www.w3.org/1999/xhtml">
<head>
<meta http-equiv="Content-Type" content="text/html; charset=utf-8" />
<title>潍坊晨丰发电设备有限公司网站</title>
<link href="../../images/style1.css" rel="stylesheet" type="text/css" />
</head>
<body>
<div id="headerWrap">
<div id="header">
 <img src="../../images/top1.gif" width="1000" height="105" />
</div>
</div>
<div id="navWrap">
 <div id="nav">
   <ul>
       <li><a href="/">首页</a></li>
       <li><a href="/Item/list.asp?id=1533">企业简介</a></li>
```

```
      <li><a href="/Item/list.asp?id=1534">新闻动态</a></li>
      <li><a href="/Item/list.asp?id=1535">产品展示</a></li>
      <li><a href="/Item/list.asp?id=1536">资质认证</a></li>
      <li><a href="/Item/list.asp?id=1540">客户留言</a></li>
      <li><a href="/Item/list.asp?id=1538">售后服务</a></li>
      <li><a href="/Item/list.asp?id=1539">联系我们</a></li>
   </ul>
   </div>
   </div>
   <div id="banner"><img src="../../images/banner1.jpg" width="1000"
height="254" /></div>
   <div id="content">
   <div id="left">
   <h2>系列产品</h2>
   <ul>
      <li><a href="/Item/Show.asp?m=1&d=2637">潍柴系列发电机组</a></li>
      <li><a href="/Item/Show.asp?m=1&d=2638">济柴系列发电机组</a></li>
      <li><a href="/Item/Show.asp?m=1&d=2639">上柴系列发电机组</a></li>
      <li><a href="/Item/Show.asp?m=1&d=2640">玉柴系列发电机组</a> </li>
      <li><a href="/Item/Show.asp?m=1&d=2641">通柴系列发电机组</a></li>
      <li><a href="/Item/Show.asp?m=1&d=2642">康明斯系列发电机组</a> </li>
      <li><a href="/Item/Show.asp?m=1&d=2643">道依茨系列发电机组</a></li>
      <li><a href="/Item/Show.asp?m=1&d=2644">帕金斯系列发电机组</a></li>
      <li><a href="/Item/Show.asp?m=1&d=2645">燃气系列发电机组</a></li>
      <li><a href="/Item/Show.asp?m=1&d=2646">低噪音系列发电机组</a></li>
      <li><a href="/Item/Show.asp?m=1&d=2647">德国奔驰系列发电机组</a></li>
      <li><a href="/Item/Show.asp?m=1&d=2648">移动拖车系列发电机组</a></li>
      <li><a href="/Item/Show.asp?m=1&d=2649">移动汽车系列发电机组</a></li>
      <li><a href="/Item/Show.asp?m=1&d=2650">高压系列发电机组</a></li>
   </ul>
   </div>
   <div id="right">
   <div id="productsList">
    <h2>产品展示<span><a href="/Item/list.asp?id=1535">more></a></span></h2>
    {LB_my首页产品列表top8}
   </div>
   </div>
   </div>
   <div id="boxBot">
   <div id="botLeft">
    <h2>公司简介</h2>
```

```
    <p class="intr"><span>潍坊晨丰发电设备有限公司</span>，是山东潍坊市最具发展前景
的一家发电机组销售及售后技术支持的专业服务机构，专门为全国各地各行各业企事业单位提供晨丰集团
自产发电机组系列产品在山东及全国的专业售后服务机构。<span><a href="/Item/Show.asp?m=
1&d=2633">[详细...]</a></span>。</p>
    </div>
    <div id="botM">
    <h2>公司新闻<span><a href="/Item/list.asp?id=1534">more>></a></span></h2>
    {LB_my 首页新闻 top6}
    </div>
    <div id="botRight">
     <h2>资质认证</h2>
     <div id="ppt">{LB_my 首页幻灯}</div>
    </div>
    </div>
    <div id="sep"></div>
    <div id="footer">
    <p>版权所有：潍坊晨丰发电设备有限公司<br />
    通讯地址：山东省潍坊市奎文区潍州路与凤凰街路口城南工业园 261061<br />
联系电话：0536-8900080 13869672739<a href="/Admin/Login.asp">后台管理</a></p>
    </div>
    </body>
```

上述代码中，粗体部分都是添加了超链接的地方。

超链接 href 属性中的 id 序号取决于你自己做网站时系统的栏目序号，因
为每个人做网站时的顺序并一定和代码中一致。

此时，动态网站基本创建完成。浏览各个页面，检验各页面是否跳转正常。若要修改后台页面的显示的相关信息，可以直接修改系统的源文件，譬如，若要修改后台登录页面显示的内容，可以修改 Login.asp 文件，有兴趣的读者可以自行尝试一下。最后申请域名和空间，进行测试和发布。

本章小结

本章完整地制作了一个企业动态网站。使用 KesionCMS 科汛内容管理系统与前台静态页面的融合实现了动态网站的制作。KesionCMS 后台栏目的设置、标签的创建和使用、模板的创建和绑定、自定义表单的创建、栏目页超链接的设置等是本案例中的关键技术。KesionCMS 科汛内容管理系统功能强大，读者若想深入学习研究 KesionCMS，可以登录其官方网站：http://www.kesion.com，通过在线手册或论坛等进一步学习它的功能。

实训 10

一、实训目的

1. 进一步掌握静态页面的制作方法。
2. 掌握 IIS 的配置方法。
3. 掌握利用 KesionCMS 创建动态网站的方法。

二、实训内容

1. 上机实做本章案例，完成晨丰发电设备公司动态网站。
2. 仿照晨丰发电设备公司动态网站制作步骤将第 7 章的信息学院网站制作成动态网站。

三、实训总结

拓展阅读 10-1

参 考 文 献

[1] 传智播客高教产品研发部. 网页设计与制作（HTML+CSS）[M]. 北京：中国铁道出版社，2014.

[2] 传智播客高教产品研发部. HTML+CSS+JavaScript 网页制作案例教程[M]. 北京：人民邮电出版社，2015.

[3] 刘瑞新，张兵义. HTML+CSS+JavaScript 网页制作[M]. 北京：机械工业出版社，2014.

[4] 陆凌牛. HTML5 与 CSS3 权威指南[M]. 北京：机械工业出版社，2011.

[5] 刘万辉. 网页设计与制作实例教程[M]. 北京：人民邮电出版社，2013.

[6] 吴以欣，陈小宁. 动态网页设计与制作——HTML+CSS+JavaScript [M]. 北京：人民邮电出版社，2013.

[7] 任昱衡. HTML+CSS 网页设计详解[M]. 北京：清华大学出版社，2013.